Web前端开发技术丛书

企业网站开发真实商业案例

HTML5
网页前端设计实战

◎ 周文洁　编著

清华大学出版社

北京

内 容 简 介

本书是《HTML5 网页前端设计》一书的配套实战项目教程，也可单独为具有一定 Web 前端基础的读者使用。本书的电子资源包括全套例题源代码可供读者下载。

全书共包含 10 章，每章均配套两个实例项目。全部内容可分为以下 4 个部分：

第一部分是基础知识篇，包括第 1、2 章的内容。其中，第 1 章是 HTML+CSS 基础项目，介绍导航菜单与商务风格表格的设计与实现；第 2 章是 JavaScript 基础项目，介绍电子时钟与电子日历的设计与实现。

第二部分是重点篇，包括第 3~8 章的内容。这 6 章分别介绍基于 HTML5 拖放 API、表单 API、画布 API、媒体 API、地理定位 API 以及 Web 存储 API 的项目案例。其中较有特色的综合项目有手绘时钟、拼图游戏、网页日志本、音乐播放器、在线教学视频等。

第三部分是提高篇，包括第 9 章的内容。第 9 章是 CSS3 基础项目，主要讲解使用 CSS3 制作火焰和霓虹文字特效以及使用 CSS3 动画制作响应式放大菜单。

第四部分是综合篇，包括第 10 章的内容。第 10 章提供了两个完整的项目实例，包括贪吃蛇游戏的开发和企业文化用品展示网站的设计与实现。这两个项目实例综合应用了全书所学的知识，让读者所学即所用。

本书可作为高校计算机相关专业 HTML5 课程的实践教材，也可作为学习 HTML5 开发的自学教材或培训教材。

图书在版编目（CIP）数据

HTML5 网页前端设计实战/周文洁编著.—北京：清华大学出版社，2017（2022.8重印）
（Web 前端开发技术丛书）
ISBN 978-7-302-46468-6

Ⅰ. ①H… Ⅱ. ①周… Ⅲ. ①超文本标记语言 – 程序设计 Ⅳ. ①TP312.8

中国版本图书馆 CIP 数据核字（2017）第 024639 号

责任编辑：魏江江   王冰飞
封面设计：刘 健
责任校对：时翠兰
责任印制：朱雨萌

出版发行：清华大学出版社
   网　　址：http://www.tup.com.cn, http://www.wqbook.com
   地　　址：北京清华大学学研大厦 A 座　　　　邮　　编：100084
   社 总 机：010-83470000　　　　　　　　　　邮　　购：010-62786544
   投稿与读者服务：010-62776969，c-service@tup.tsinghua.edu.cn
   质量反馈：010-62772015，zhiliang@tup.tsinghua.edu.cn
   课件下载：http://www.tup.com.cn，010-83470236
印 装 者：北京国马印刷厂
经　　销：全国新华书店
开　　本：185mm×260mm　　印　张：15　　　　字　　数：372 千字
版　　次：2017 年 7 月第 1 版　　　　　　　印　　次：2022 年 8 月第 9 次印刷
印　　数：16001 ~ 17200
定　　价：35.00 元

产品编号：073581-01

前　言

本书是《HTML5 网页前端设计》一书的配套实战项目教程,也可单独为具有一定 Web 前端基础的读者使用。本书的电子资源包括全套例题的源代码可供读者下载。

全书共包含 10 章,每章均配套两个实例项目。全书内容可分为以下 4 个部分:

第一部分是基础知识篇,包括第 1、2 章的内容。其中,第 1 章是 HTML+CSS 基础项目,介绍导航菜单与商务风格表格的设计与实现;第 2 章是 JavaScript 基础项目,介绍电子时钟与电子日历的设计与实现。

第二部分是重点篇,包括第 3~8 章的内容。这 6 章分别介绍基于 HTML5 拖放 API、表单 API、画布 API、媒体 API、地理定位 API 以及 Web 存储 API 的项目案例。其中较有特色的综合项目有手绘时钟、拼图游戏、网页日志本、音乐播放器、在线教学视频等。

第三部分是提高篇,包括第 9 章的内容。第 9 章是 CSS3 基础项目,主要讲解使用 CSS3 制作火焰和霓虹文字特效以及使用 CSS3 动画制作响应式放大菜单。

第四部分是综合篇,包括第 10 章的内容。第 10 章提供了两个完整的项目实例,包括贪吃蛇游戏的开发和企业文化用品展示网页的设计与实现。这两个项目实例综合应用了全书所学的知识,让读者所学即所用。

本书有以下几个特点。

1. 知识全面,循序渐进

本书首先循序渐进地介绍了一些基于 HTML、CSS 和 JavaScript 的基础项目,帮助读者打好基本功;然后正式进入 HTML5 新增 API 的相关项目介绍,让读者有针对性地逐步巩固常用 HTML5 新增 API 的用法;接着在提高篇补充了 CSS3 相关技术为页面增加特效;最后提供了两个完整项目实例,让读者进一步提高自己对于知识的综合应用能力。

2. 项目驱动,实用性强

全书将主教材各章节的知识点融入综合项目案例中,帮助读者更好地理解所学知识。在本书的最后一章还包含了游戏开发以及企业网站开发的真实商业案例,具有较高的实用价值,也适合培养读者的动手能力。

3. 步骤详细,易于理解

本书思路清晰、知识点循序渐进展开,每章的项目案例均分步骤讲解,读者可以看到从界面设计开始到样式美化以及特效完成的整个变化过程。读者跟着每章的综合案例独立完成开发过程即可基本达到前端开发的要求。

本书全部例题均在浏览器中调试通过,由于很多 HTML5 和 CSS3 的代码需要较高版本的浏览器才能提供更好的体验效果,建议读者使用但不限于 Internet Explorer 10.0、

Chrome 17.0、Firefox 10.0、Safari 5.0 或 Opera 11.1 以上版本的浏览器。

　　最后感谢家人和朋友给予的关心和大力支持，本书能够完成与你们的鼓励是分不开的。

　　愿本书能够对读者学习 Web 前端新技术有所帮助，并真诚地欢迎读者批评指正，希望能与读者朋友们共同学习成长，在浩瀚的技术之海不断前行。

作　者

2017 年 3 月

目　录

第 1 章	# HTML+CSS 基础项目

本章主要包含两个基于 HTML+CSS 的应用设计实例，一是导航栏菜单的设计与实现，二是商务风格表格的设计与实现。在导航栏菜单项目中，主要难点为超链接样式的设计以及鼠标悬浮与点击事件的处理；在商务风格表格项目中，主要内容包括表格总体样式、单元格样式以及单元行样式的设计实现。

本章学习目标：
- 学习如何综合应用 HTML 与 CSS 开发导航栏菜单样式；
- 学习如何综合应用 HTML 与 CSS 开发商务风格表格样式。

1.1 导航栏菜单的设计与实现

【例 1-1】 简单菜单导航栏的设计与实现

功能要求：使用 CSS 样式可以制作较为美观的导航栏效果，试设计一款横向的菜单导航栏用于页面，设计图如图 1-1 所示。

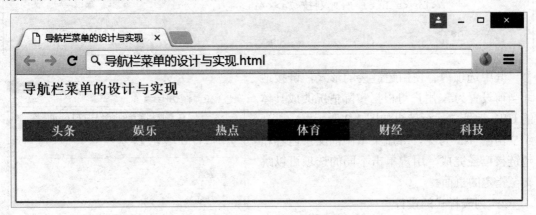

图 1-1 导航栏菜单的显示效果

1.1.1 界面设计

本节主要介绍导航栏菜单的界面设计，包括以下内容：
- 导航栏的创建；
- 列表样式的设计；
- 超链接样式的设计。

1. 导航栏的创建

使用<nav>标签在页面上创建导航栏菜单区域。相关 HTML5 代码片段如下:

```
<body>
        <h3>导航栏菜单的设计与实现</h3>
        <hr/>
        <!--导航栏-->
        <nav>
        </nav>
</body>
```

<nav>标签是 HTML5 新增的文档结构标签,用于标记导航栏,以便后续与网站的其他内容整合。

在<nav>的首尾标签之间使用无序列表<ul>标签配合列表选项<li>创建菜单选项。相关 HTML5 代码片段如下:

```
<body>
    <h3>导航栏菜单的设计与实现</h3>
    <hr/>
    <!--导航栏-->
    <nav>
        <ul>
            <li><a href="#">头条</a></li>
            <li><a href="#">娱乐</a></li>
            <li><a href="#">热点</a></li>
            <li><a href="#">体育</a></li>
            <li><a href="#">财经</a></li>
            <li><a href="#">科技</a></li>
        </ul>
    </nav>
</body>
```

其中选项内容使用超链接的形式,链接地址当前设置为#,用户可根据实际情况改成具体的 URL 地址。运行效果如图 1-2 所示。

由图 1-2 可见,导航菜单中的文字内容和超链接已经完成,用户单击不同的选项可以跳转至指定的页面。

2. 列表样式的设计

此时会带有<ul>元素的默认样式,即每个列表选项前面有实心点标记,可以使用 list-style 属性将其去掉,采用 CSS 内部样式表的形式在<head>标签中进行声明,相关代码如下:

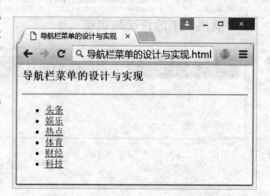

图 1-2　导航栏菜单的初步显示效果

```
<head>
    <meta charset="utf-8">
    <title>导航栏菜单的设计与实现</title>
    <style>
        ul {
        list-style: none; /*用于去掉列表的实心点标记*/
```

```
            margin: 0;
            padding: 0;
            }
    </style>
</head>
```

其中，margin 和 padding 属性设置为 0 是为了预防不同的浏览器会出现预设值，以避免最终布局效果可能产生的误差。

为列表元素<li>定义浮动效果，使其能够在同一行显示。相关代码如下：

```
<head>
    <meta charset="utf-8">
    <title>导航栏菜单的设计与实现</title>
    <style>
        …（ul样式代码略）
        li {
            float: left;
        }
    </style>
</head>
```

运行效果如图 1-3 所示。

由图 1-3 可见，列表已经去掉了实心点标记，并且每个列表选项均在同一行显示。

3．超链接样式的设计

首先在 CSS 内部样式表中为超链接重新设置样式，具体要求如下。

- 颜色：背景颜色为蓝色，字体颜色为白色；
- 尺寸：宽度为 100 像素；
- 边距：各边的内边距为 5 像素；
- 文本：居中显示，并且去掉了文本的下画线样式。

相关代码片段如下：

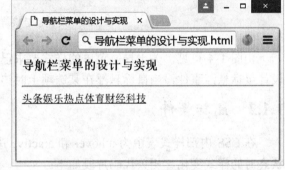

图 1-3　导航栏菜单的初步显示效果

```
<head>
    <meta charset="utf-8">
    <title>导航栏菜单的设计与实现</title>
    <style>
        …（ul和li样式代码略）
        a:link, a:visited {
            display: block;              /*设置为块级元素*/
            width: 100px;                /*设置宽度为100像素*/
            font-weight: bold;           /*设置字体为加粗*/
            color: white;                /*设置字体为白色*/
            background-color:#5AF;        /*设置背景颜色为蓝色*/
            text-align: center;          /*设置文本居中显示*/
            padding: 5px;                /*设置各边的内边距为5像素*/
            text-decoration: none;       /*去掉文本的下画线*/
        }
```

3

第 1 章

```
        </style>
    </head>
```

首先对超链接的 a:link 和 a:visited 进行设置，表示超链接未访问和已访问状态。然后将其 display 属性设置为 block，使得超链接成为块级元素，这样才可以为其设置宽度 100 像素。

此时页面效果如图 1-4 所示。

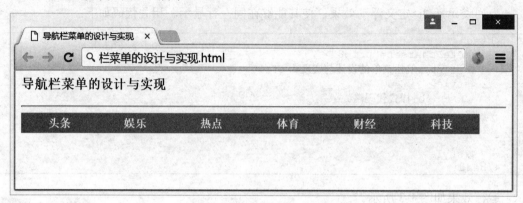

图 1-4　设置超链接样式后的效果图

由图 1-4 可见，关于导航菜单的样式要求已初步实现。下一节将介绍如何为菜单选项设计鼠标悬浮事件，当鼠标悬浮在某选项上时该选项的背景颜色发生改变。

1.1.2　鼠标事件

在 CSS 内部样式表中为 a:hover 和 a:active 进行样式设置，表示鼠标悬浮和单击未释放状态时的样式变化。相关代码片段如下：

```
<head>
    <meta charset="utf-8">
    <title>导航栏菜单的设计与实现</title>
    <style>
        …（ul和li样式代码略）
        …（a:link和a:visited代码略）
        a:hover, a:active{
            background-color: #006FDD;
        }
    </style>
</head>
```

上述代码表示将鼠标在超链接上悬浮和单击未释放的样式更新成背景颜色为深蓝色（十六进制码为#006FDD）。

此时页面效果如图 1-5 所示。

由图 1-5 可见，鼠标悬浮的效果已实现。如果需要竖向排列的菜单栏，去掉<li>元素的浮动样式即可。至此导航栏菜单的设计与实现已全部完成，用户可根据实际需要将其应用到网站开发中。

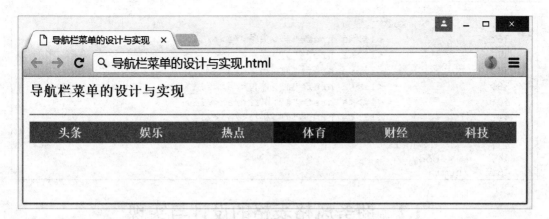

图 1-5　设置鼠标事件后的效果图

1.1.3　完整代码展示

完整的 HTML5 代码如下：

```
1.    <!DOCTYPE  html>
2.    <html>
3.        <head>
4.            <meta charset="utf-8">
5.            <title>导航栏菜单的设计与实现</title>
6.            <style>
7.                ul {
8.                    list-style: none;/*用于去掉列表的实心点标记*/
9.                    margin: 0;
10.                   padding: 0;
11.               }
12.               li {
13.                   float: left;
14.               }
15.               a:link, a:visited {
16.                   display: block;/*设置为块级元素*/
17.                   width: 100px;/*设置宽度为100像素*/
18.                   font-weight: bold;/*设置字体为加粗*/
19.                   color: white;/*设置字体为白色*/
20.                   background-color:#5AF;/*设置背景颜色为蓝色*/
21.                   text-align: center;/*设置文本居中显示*/
22.                   padding: 5px;/*设置各边的内边距为5像素*/
23.                   text-decoration: none;/*去掉文本的下画线*/
24.               }
25.               a:hover, a:active {
26.                   background-color:red;
27.               }
28.           </style>
29.       </head>
30.       <body>
31.           <h3>导航栏菜单的设计与实现</h3>
32.           <hr />
33.           <!--导航栏-->
34.           <nav>
```

```
35.            <ul>
36.                <li><a href="#">头条</a></li>
37.                <li><a href="#">娱乐</a></li>
38.                <li><a href="#">热点</a></li>
39.                <li><a href="#">体育</a></li>
40.                <li><a href="#">财经</a></li>
41.                <li><a href="#">科技</a></li>
42.            </ul>
43.        </nav>
44.    </body>
45. </html>
```

1.2　商务风格表格的设计与实现

【例 1-2】　商务风格表格的设计与实现

功能要求：设计一款商务风格表格，运行效果如图 1-6 所示。

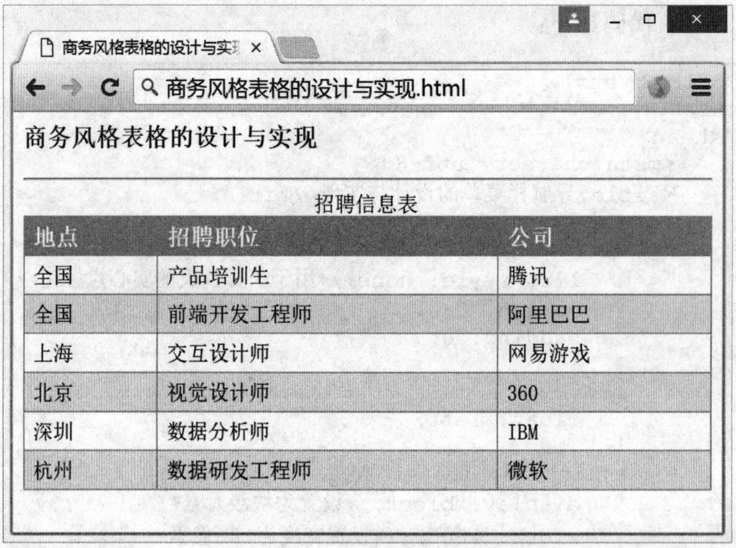

图 1-6　商务风格表格的显示效果

1.2.1　创建表格

使用<table>标签在页面上创建表格，并使用<tr>和<td>标签为其添加若干个单元行与单元格。相关 HTML5 代码片段如下：

```
<body>
    <h3>商务风格表格的设计与实现</h3>
    <hr />
    <table border="1">
        <caption>招聘信息表</caption>
        <tr><th>地点</th><th>招聘职位</th><th>公司</th></tr>
        <tr><td>全国</td><td>产品培训生</td><td>腾讯</td></tr>
        <tr><td>全国</td><td>前端开发工程师</td><td>阿里巴巴</td></tr>
        <tr><td>上海</td><td>交互设计师</td><td>网易游戏</td></tr>
```

```
            <tr><td>北京</td><td>视觉设计师</td><td>360</td></tr>
            <tr><td>深圳</td><td>数据分析师</td><td>IBM</td></tr>
            <tr><td>杭州</td><td>数据研发工程师</td><td>微软</td></tr>
        </table>
    </body>
```

其中，<caption>标签用于显示表格的总标题，<th>标签用于显示表格的第1行标题。
为方便显示运行效果，将<table>标签临时添加了行内样式 border="1"，表示表格具有 1 像
素的边框线。此时运行效果如图 1-7 所示。

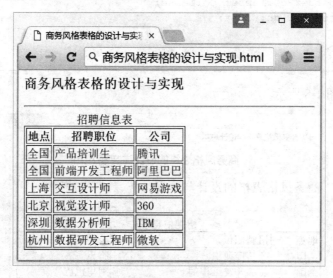

图 1-7　商务风格表格的显示效果

由图 1-7 可见，表格和相关数据已创建完成。下面介绍如何为表格设置样式。

1.2.2　样式设计

本节主要介绍表格的样式设计，包括以下内容：
- 表格的总体样式；
- 单元格样式；
- 单元行样式。

1．表格的总体样式

为<table>标签增加自定义 id="recruit"，以便可以使用 CSS 的 ID 选择器为其规定样式。
相关代码片段修改后如下：

```
<body>
    <h3>商务风格表格的设计与实现</h3>
    <hr />
    <table id="recruit" border="1">
        …（内容略）
    </table>
</body>
```

采用 CSS 内部样式表的形式在<head>标签中为<table>标签设置样式：表格宽度为

100%，双线边框折叠为单线效果，文本对齐方式为左对齐。相关代码如下：

```
<head>
    <meta charset="utf-8">
    <title>商务风格表格的设计与实现</title>
    <style>
        /*设置表格的总体样式*/
        #recruit {
            width: 100%;
            border-collapse: collapse;
            text-align: left;
        }
    </style>
</head>
```

运行效果如图 1-8 所示。

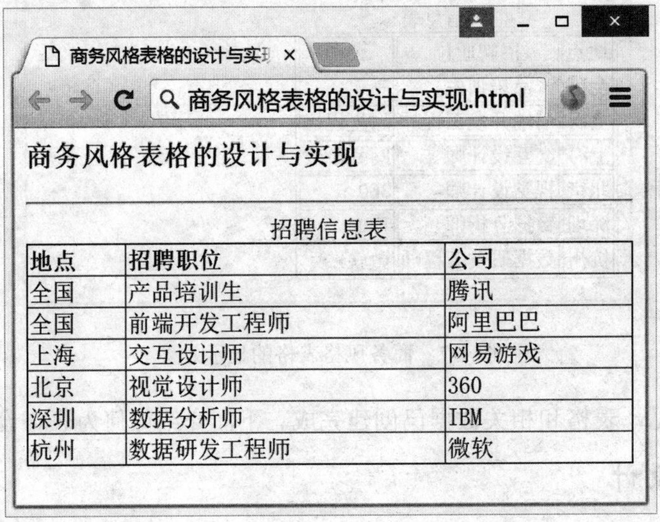

图 1-8　设置表格总体样式的显示效果

2．单元格样式

为单元格标签<td>和标题单元格标签<th>重新设置样式：边框线条为 1 像素宽的橙色实线，并微调各边的内边距为 7 像素。相关代码如下：

```
<head>
    <meta charset="utf-8">
    <title>商务风格表格的设计与实现</title>
    <style>
        …（表格的总体样式代码略）
        /*设置单元格样式*/
        #recruit td, #recruit th {
            border: 1px solid orange;
            padding: 7px;
        }
    </style>
</head>
```

为标题单元格标签<th>添加独立样式：背景颜色为橙色，字体颜色为白色。相关代码如下：

```
<head>
    <meta charset="utf-8">
    <title>商务风格表格的设计与实现</title>
        <style>
        …（表格总体样式和单元格样式代码略）
        /*设置标题单元格样式*/
        #recruit th {
            background-color: orange;
            color: #FFFFFF;
        }
    </style>
</head>
```

运行效果如图1-9所示。

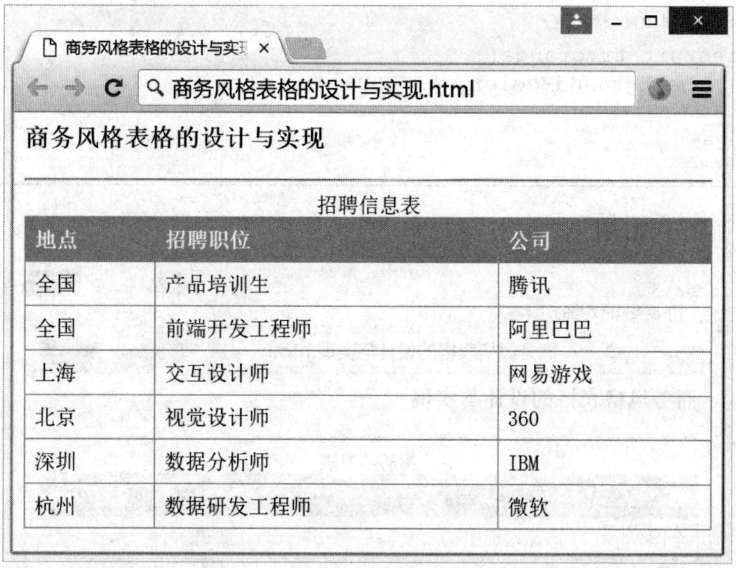

图1-9　设置单元格样式的显示效果

3．单元行样式

为奇数行的单元行标签<tr>自定义类名称class="orange"，以便可以在CSS内部样式表中使用类选择器设置不同的背景颜色以示区别。相关代码修改后如下：

```
<body>
    <h3>商务风格表格的设计与实现</h3>
    <hr />
    <table id="recruit" border="1">
        <caption>招聘信息表</caption>
        <tr><th>地点</th><th>招聘职位</th><th>公司</th></tr>
        <tr><td>全国</td><td>产品培训生</td><td>腾讯</td></tr>
        <tr class="orange">
```

```
        <td>全国</td><td>前端开发工程师</td><td>阿里巴巴</td>
        </tr>
        <tr><td>上海</td><td>交互设计师</td><td>网易游戏</td></tr>
        <tr class="orange"><td>北京</td><td>视觉设计师</td><td>360</td>
        </tr>
        <tr><td>深圳</td><td>数据分析师</td><td>IBM</td></tr>
        <tr class="orange"><td>杭州</td><td>数据研发工程师</td><td>微软</td>
        </tr>
    </table>
</body>
```

其中不包括标题单元行，因为标题单元行中的<th>单元格已经预设了独立的样式。
CSS 内部样式表中的相关代码如下：

```
<head>
    <meta charset="utf-8">
    <title>商务风格表格的设计与实现</title>
    <style>
        …（其他样式代码略）
        /*设置单元行样式*/
        #recruit tr.orange{
            background-color: #FFEDDB
        }
    </style>
</head>
```

运行效果如图 1-10 所示。

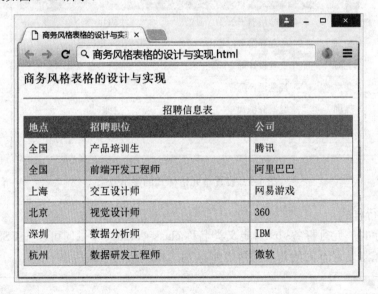

图 1-10　设置单元行样式的显示效果

至此整个表格的样式设置已经全部完成。由于本例中只包含了一个表格元素，因此在
CSS 内部样式表中也可以直接使用元素选择器进行样式设置，效果完全相同。但是考虑到
未来使用的扩展性，这里选择了 ID 选择器的组合方式。

1.2.3 完整代码展示

完整的 HTML5 代码如下：

```
1.    <!DOCTYPE html>
2.    <html>
3.        <head>
4.            <meta charset="utf-8">
5.            <title>商务风格表格的设计与实现</title>
6.            <style>
7.                /*设置表格的总体样式*/
8.                #recruit {
9.                    width: 100%;
10.                   border-collapse: collapse;
11.                   text-align: left;
12.               }
13.               /*设置单元格样式*/
14.               #recruit td, #recruit th {
15.                   /* font-size: 1em;*/
16.                   border: 1px solid orange;
17.                   padding: 7px;
18.               }
19.               /*设置标题单元格样式*/
20.               #recruit th {
21.                   background-color: orange;
22.                   color: #FFFFFF;
23.               }
24.               /*设置单元行样式*/
25.               #recruit tr.orange {
26.                   background-color: #FFEDDB
27.               }
28.           </style>
29.       </head>
30.       <body>
31.           <h3>商务风格表格的设计与实现</h3>
32.           <hr />
33.           <table id="recruit" border="1">
34.               <caption>
35.                   招聘信息表
36.               </caption>
37.               <tr>
38.                   <th>地点</th><th>招聘职位</th><th>公司</th>
39.               </tr>
40.               <tr>
41.                   <td>全国</td><td>产品培训生</td><td>腾讯</td>
42.               </tr>
43.               <tr class="orange">
44.                   <td>全国</td><td>前端开发工程师</td><td>阿里巴巴</td>
45.               </tr>
46.               <tr>
47.                   <td>上海</td><td>交互设计师</td><td>网易游戏</td>
48.               </tr>
49.               <tr class="orange">
50.                   <td>北京</td><td>视觉设计师</td><td>360</td>
```

```
51.            </tr>
52.            <tr>
53.                <td>深圳</td><td>数据分析师</td><td>IBM</td>
54.            </tr>
55.            <tr class="orange">
56.                <td>杭州</td><td>数据研发工程师</td><td>微软</td>
57.            </tr>
58.        </table>
59.    </body>
60. </html>
```

JavaScript 基础项目

　　本章主要包含两个基于 JavaScript 的应用设计实例，一是电子时钟的设计与实现，二是电子日历的设计与实现。在电子时钟项目中，主要难点为时间的获取以及每秒刷新的显示效果；在电子日历项目中，主要难点为当前月份的日期排序显示、日期与星期的对应以及按钮控件实现翻页效果。

　　本章学习目标：
- 学习如何综合应用 HTML、CSS 与 JavaScript 开发电子时钟；
- 学习如何综合应用 HTML、CSS 与 JavaScript 开发电子日历。

2.1　电子时钟的设计与实现

　　【例 2-1】 简单电子时钟的设计与实现

　　功能要求：设计一款简单的电子时钟，要求实现显示当前的时分秒，并且可以每秒更新一次实现动态效果。最终效果如图 2-1 所示。

2.1.1　界面设计

　　本节主要介绍电子时钟的网页布局和样式设计，使用了<div>标签划分区域并配合 CSS 样式完成整个页面设计效果。

　　1．整体设计

　　首先直接使用区域元素<div>创建电子时钟区域，并在页面上添加标题、水平线。

　　相关 HTML5 代码片段如下：

图 2-1　简单电子时钟的效果图

```
<body>
    <!--标题-->
    <h3>简单电子时钟的设计与实现</h3>
    <!--水平线-->
    <hr />
    <!--电子时钟区域-->
    <div id="clock"></div>
</body>
```

　　该段代码为<div>元素定义了 id="clock"，以便可以使用 CSS 的 ID 选择器进行样式设置。

　　本例使用 CSS 外部样式表规定页面样式。在本地 css 文件夹中创建 clock.css 文件，并在<head>首尾标签中声明对 CSS 文件的引用。相关 HTML5 代码片段如下：

```
<head>
    <meta charset="utf-8">
    <title>简单电子时钟的设计与实现</title>
    <link rel="stylesheet" href="css/clock.css">
</head>
```

在 CSS 文件中为<div>标签设置样式，具体样式要求如下。

- 尺寸：宽度为 800 像素；
- 字体：字体颜色为白色，字体大小为 80 像素，加粗显示；
- 文本：居中显示，字体采用了默认格式；
- 边距：各边的外边距为 20 像素。

相关 CSS 代码片段如下：

```
/*电子时钟的总体样式设置*/
#clock {
    width: 800px;
    font-size: 80px;
    font-weight: bold;
    color: red;
    text-align: center;
    margin: 20px;
}
```

目前尚未在<div>首尾标签之间填充电子时钟的具体内容，因此在网页上浏览没有完整的效果，需等待后续补充。

2. 时分秒显示框的设计

在 id="clock"的<div>元素内部添加 3 个<div>子元素用于显示时分秒的具体数字，并为其分别设置自定义 id 名称为 h、m、s（取 hour、minute 和 second 的首字母）。

相关 HTML5 代码片段修改后如下：

```
<body>
    <!--标题-->
    <h3>简单电子时钟的设计与实现</h3>
    <!--水平线-->
    <hr />
    <!--电子时钟区域-->
    <div id="clock">
        <div class="box1" id="h"></div>
        <div class="box1" id="m"></div>
        <div class="box1" id="s"></div>
    </div>
</body>
```

该段代码为 3 个显示框定义了相同的类名称 box1，以便在 CSS 样式表中可以使用类选择器为其设置统一样式。

在 CSS 文件中为 class="box1"的<div>标签设置统一样式，具体样式要求如下。

- 边距：右侧外边距为 10 像素；

- 尺寸：宽和高均为 100 像素；
- 文本：行高为 100 像素；
- 浮动：向左浮动；
- 边框：各边为 1 像素宽的灰色实线边框。

相关 CSS 代码片段如下：

```
/*时分秒数字区域的样式设置*/
.box1 {
    margin-right: 10px;
    width: 100px;
    height: 100px;
    line-height: 100px;
    float: left;
    border: gray 1px solid;
}
```

在 3 个显示框之间使用<div>元素插入两个分割区域，用于显示时分秒数字之间的冒号。相关 HTML5 代码片段修改后如下：

```
<body>
    <!--标题-->
    <h3>简单电子时钟的设计与实现</h3>
    <!--水平线-->
    <hr />
    <!--电子时钟区域-->
    <div id="clock">
        <div class="box1" id="h"></div>
        <div class="box2">:</div>
        <div class="box1" id="m"></div>
        <div class="box2">:</div>
        <div class="box1" id="s"></div>
    </div>
</body>
```

该段代码为两个冒号区域定义了相同的类名称 box2，以便在 CSS 样式表中可以使用类选择器为其设置统一样式。

在 CSS 文件中为 class="box2"的<div>标签设置统一样式，具体样式要求如下。

- 尺寸：宽度为 30 像素；
- 浮动：向左浮动；
- 边距：右侧外边距为 10 像素。

相关 CSS 代码片段如下：

```
/*冒号区域的样式设置*/
.box2 {
    width: 30px;
    float: left;
    margin-right: 10px;
}
```

显示效果如图 2-2 所示。

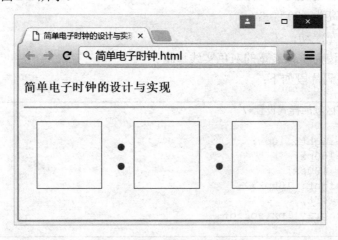

图 2-2　电子时钟的样式效果图

由图 2-2 可见，电子时钟的总体样式已初步完成。由于尚未获取当前时间，因此时间显示区域暂时无内容。下一节将介绍如何使用 JavaScript 代码动态实现时分秒的数值显示效果。

2.1.2　时钟动态效果的实现

本节将采用内部 JavaScript 代码的形式实现获取当前时间并且每秒钟更新一次数值内容的功能。

首先在\<body\>首尾标签内部添加\<script\>区域，并使用 document.getElementById()方法获取用于显示时分秒的 3 个显示框对象。相关 HTML5 代码如下：

```
<script>
    //获取显示小时的区域框对象
    var hour = document.getElementById("h");
    //获取显示分钟的区域框对象
    var minute = document.getElementById("m");
    //获取显示秒的区域框对象
    var second = document.getElementById("s");
</script>
```

在 JavaScript 中创建自定义函数方法 getCurrentTime()，用于获取当前时间并显示在页面中。相关 JavaScript 代码如下：

```
<script>
    ...
    //获取当前时间
    function getCurrentTime() {
        var date = new Date();
        var h = date.getHours();
        var m = date.getMinutes();
        var s = date.getSeconds();

        if(h < 10)
            h = "0"+h; //以确保0～9时也显示成两位数
```

```
            if (m < 10)
                m = "0" + m;//以确保0～9分钟也显示成两位数
            if (s < 10)
                s = "0" + s;//以确保0～9秒也显示成两位数

            hour.innerHTML = h;
            minute.innerHTML = m;
            second.innerHTML = s;
        }
</script>
```

在该段代码中首先使用了 JavaScript 中的 Date 对象获取当前时间的时分秒具体数值，为确保每次均显示成两位数的效果，分别判断当前时分秒是否小于 10，如果比 10 小则在前面加一个数字 0，然后将修改后的数值使用 innerHTML 属性显示到对应的时间显示框中。

将 getCurrentTime()函数添加到<body>标签的 onload 事件中，以确保每次打开页面就立刻显示当前时间。相关 HTML5 代码修改后如下：

```
<body onload="getCurrentTime()">
    ...
</body>
```

最后在 JavaScript 代码部分添加 setInterval()方法，设置成每秒钟重新调用一次获取当前时间并显示在页面上的 getCurrentTime()函数。相关 JavaScript 代码如下：

```
//每秒更新一次时间
setInterval("getCurrentTime()", 1000);
```

其中，第 1 个参数表示的是需要调用的函数名称；第 2 个参数表示的是间隔时间，其单位为毫秒，1000 毫秒=1 秒。

运行效果如图 2-3 所示。

（a）页面首次加载时的效果

（b）时钟显示的数字动态变化的效果

图 2-3　电子时钟的样式效果图

由图 2-3 可见，时钟显示的内容动态变化的功能已实现。其中图 2-3（a）显示的是页面首次加载时的效果，当前时间可以正确地显示出来；图 2-3（b）显示的是保持该页面处于打开状态，时钟显示数字的动态变化效果。至此，电子时钟的制作已全部完成。

2.1.3　完整代码展示

完整的 HTML 代码如下：

```
1.    <!DOCTYPE html>
2.    <html>
3.      <head>
4.        <meta charset="utf-8">
5.        <title>简单电子时钟的设计与实现</title>
6.        <link rel="stylesheet" href="css/clock.css">
7.      </head>
8.      <body onload="getCurrentTime()">
9.        <!--标题-->
10.       <h3>简单电子时钟的设计与实现</h3>
11.       <!--水平线-->
12.       <hr />
13.       <!--电子时钟区域-->
14.       <div id="clock">
15.           <div class="box1" id="h"></div>
16.           <div class="box2">:</div>
17.           <div class="box1" id="m"></div>
18.           <div class="box2">:</div>
19.           <div class="box1" id="s"></div>
20.       </div>
21.       <script>
22.       //获取显示小时的区域框对象
23.       var hour = document.getElementById("h");
24.       //获取显示分钟的区域框对象
25.       var minute = document.getElementById("m");
26.       //获取显示秒的区域框对象
27.       var second = document.getElementById("s");
28.
29.       //获取当前时间
30.       function getCurrentTime(){
31.           var date = new Date();
32.           var h = date.getHours();
33.           var m = date.getMinutes();
34.           var s = date.getSeconds();
35.
36.           if(h<10) h = "0"+h;  //以确保0~9时也显示成两位数
37.           if(m<10) m = "0"+m;  //以确保0~9分钟也显示成两位数
38.           if(s<10) s = "0"+s;  //以确保0~9秒也显示成两位数
39.
40.           hour.innerHTML= h;
41.           minute.innerHTML = m;
42.           second.innerHTML = s;
43.       }
44.       //每秒更新一次时间
45.       setInterval("getCurrentTime()", 1000);
46.       </script>
47.     </body>
48.   </html>
```

完整的 CSS 代码如下：

```
1.    /*电子时钟的总体样式设置*/
2.    #clock {
3.        width: 800px;
4.        font-size: 80px;
5.        font-weight: bold;
6.        color: red;
7.        text-align: center;
8.        margin: 20px;
9.    }
10.   /*时分秒数字区域的样式设置*/
11.   .box1 {
12.       margin-right: 10px;
13.       width: 100px;
14.       height: 100px;
15.       line-height: 100px;
16.       float: left;
17.       border: gray 1px solid;
18.   }
19.   /*冒号区域的样式设置*/
20.   .box2 {
21.       width: 30px;
22.       float: left;
23.       margin-right: 10px;
24.   }
```

2.2　电子日历的设计与实现

【例2-2】 简单电子日历的设计与实现

功能要求：设计一款简单的电子日历，要求实现显示当天所在月份的全部日期，并且可以通过单击按钮控件切换月份的功能。效果如图2-4所示。

第1块区域是状态栏，包含两个按钮控件和显示当前年份与月份的区域，按钮控件分别可以单击翻到上个月和下个月，要求每次单击都能够往前或往后翻一个月；第2块区域是日历的抬头，标记星期几；第3块区域显示全部日期，并且当天的日期用红字标记出来。

2.2.1　界面设计

本节主要介绍电子日历的网页布局和样式设计，包括使用<div>标签划分区域、使用<button>标签制作"上个月"和

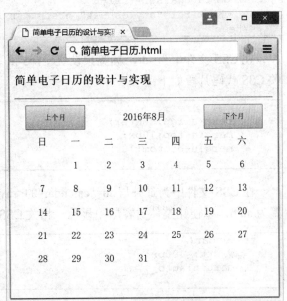

图2-4　简单电子日历的效果图

"下个月"按钮等,配合 CSS 样式完成整个页面设计效果。

1. 使用\<div\>标签划分区域

使用 id="calendar"的块级标签\<div\>设置电子日历的显示区域,并在此区域继续使用\<div\>标签将内部上下分割为 3 个不同的版块:① 状态栏,左右两边是"上个月"和"下个月"按钮,中间是当前的年份和月份显示;② 日历最上面一行的星期名称,从周日到周六依次填入;③ 用于显示当前月份的所有日期的区域。

相关 HTML5 代码片段如下:

```
<body>
    <h3>简单电子日历的设计与实现</h3>
    <hr />
    <div id="calendar">
        <!--状态栏-->
        <div></div>

        <!--显示星期几-->
        <div></div>

        <!--显示当前月份每天的日期-->
        <div></div>
    </div>
</body>
```

此时还需要 CSS 文件辅助渲染样式,因此在本地 css 文件夹中创建 calendar.css 文件,并在\<head\>首尾标签中声明对 CSS 文件的引用。相关 HTML5 代码片段如下:

```
<head>
    <title>简单电子日历的设计与实现</title>
    <meta charset="utf-8">
    <link rel="stylesheet" href="css/calendar.css">
</head>
```

在 CSS 文件中为\<div\>标签预设统一样式:内容居中显示,上、下外边距 10 像素。相关 CSS 代码片段如下:

```
div{
    text-align:center;
    margin-top:10px;
    margin-bottom:10px;
}
```

在 CSS 文件中为最外层 id="calendar"的\<div\>标签预设样式:宽度为 400 像素,边距设置为 auto,以便让整体内容居中显示。相关 CSS 代码片段如下:

```
#calendar{
    width: 400px;
    margin:auto;
}
```

此时暂且未在各个\<div\>首尾标签之间填充内容,因此在网页上浏览还没有实际效果,需等待后续补充。

2. 制作状态栏

状态栏内共有 3 个元素：左右两边分别是"上个月"和"下个月"按钮，中间是当前的年份和月份显示，可以使用<button>标签制作按钮、使用<div>标签制作年份和月份的显示牌。

相关 HTML5 代码片段如下：

```
<!--状态栏-->
<div>
    <!--显示"上个月"按钮-->
    <button>上个月</button>
    <!--显示当前年份和月份-->
    <div id="month"></div>
    <!--显示"下个月"按钮-->
    <button>下个月</button>
</div>
```

由于当前的年份和月份随着按钮的单击会发生变化，因此暂时不填具体的文字内容，为该<div>标签声明 id="month"，以便在 JS 文件中动态生成年份和月份，该 id 名称可以自定义。

将按钮和年份与月份显示牌的宽度比例定为 25%、50%、25%。在 CSS 文件中为<button>标签预设统一样式：宽度为 25%，向左浮动，高度为 40 像素；为 id="month"的<div>标签设置样式：宽度为 50%，向左浮动。相关 CSS 代码片段如下：

```
button{
    width: 25%;
    float:left;
    height:40px;
}

#month{
    width: 50%;
    float:left;
}
```

3. 制作显示星期的横栏

该区域中只有一行内容，分为 7 个小区域，分别显示（星期）日、一、二、三、四、五、六。

相关 HTML5 代码片段如下：

```
<!--显示星期几-->
<div>
    <div class="everyday">日</div>
    <div class="everyday">一</div>
    <div class="everyday">二</div>
    <div class="everyday">三</div>
    <div class="everyday">四</div>
    <div class="everyday">五</div>
    <div class="everyday">六</div>
</div>
```

为每个小区域设置 class="everyday"，以便在 CSS 文件中规定样式，该 class 名称可自定义。

在 CSS 文件中为 class="everyday"的<div>标签预设统一样式：宽度为 14%，向左浮动，以保证在同一行显示。相关 CSS 代码片段如下：

```css
.everyday{
    width: 14%;
    float:left;
}
```

运行效果如图 2-5 所示。

由图 2-5 可见，目前已经实现了按钮与星期的显示。后续还需要动态添加当前年份和月份显示牌的内容以及当前月份的所有日期。

2.2.2　显示状态栏中的年份和月份

由于当前的年份和月份随着按钮的单击会发生变化，为年份和月份显示牌对应的<div>标签添加属性声明 id="month"，以便在 JS 文件中动态生成年份和月份，该 id 名称可以自定义。

修改后的 HTML5 代码片段如下：

图 2-5　电子日历的整体布局效果图

```html
<!--显示当前年份和月份-->
<div id="month"></div>
```

此时需要为其设计 JavaScript 代码，以便动态生成当前年份和月份。在本地 js 文件夹中创建 calendar.js 文件，并在<head>首尾标签中声明对该 JS 文件的引用。修改后的相关 HTML5 代码片段如下：

```html
<head>
<title>简单电子日历的设计与实现</title>
<meta charset="utf-8">
<link rel="stylesheet" href="css/calendar.css">
<script src="js/calendar.js"></script>
</head>
```

在 JavaScript 中先使用 Date 对象获取当前的时间日期。相关 JavaScript 代码如下：

```javascript
var today = new Date();
var year = today.getFullYear();//获取当前年份
var month = today.getMonth() + 1;//获取当前月份
var day = today.getDate();//获取当前日期
```

因为月份是从 0 开始计数的，因此在获取到之后还需要自行加 1 才是正确的月份。

使用自定义函数 showMonth()动态更新状态栏中显示的当前年份和月份，相关

JavaScript 代码如下：

```
//显示日历标题中的当前年份和月份
function showMonth() {
    var year_month = year + "年" + month + "月";
    document.getElementById("month").innerHTML = year_month;
}
```

由于之前已经获取到了当前的年份和月份，因此在 showMonth()函数中可以根据 id 名称使用 document.getElementById("month") 的方法定位到年份和月份显示牌，然后使用 innerHTML 语句重置文本内容，这样即可实现更新年份和月份的效果。

运行效果如图 2-6 所示。

由图 2-6 可见，目前已经实现了对于当前年月的实时获取。下一节将介绍如何批量显示当前月份的所有日期。

图 2-6　显示状态栏中的年份和月份

2.2.3　显示当前月份的所有日期

本节主要介绍如何在 HTML 页面上显示电子日历当前月份的所有日期，包括 3 个部分：计算当前月份的总天数、计算当前月份的第一天是星期几、显示当前月份的全部日期。

1．计算当前月份的总天数

由于每个月的天数不一样，因此在显示当前月份的全部日期之前需要先计算一下当前月份的天数。先声明变量 allday 用于记录当前月份的总天数，然后使用自定义函数 count() 进行判断和更新所有 allday 变量对应的天数。相关 JavaScript 代码如下：

```
var allday = 0;//当前月份的总天数

//用于推算当前月份一共多少天
function count() {
    if (month != 2) {
        if ((month == 4) || (month == 6) || (month == 9) || (month == 11)){
            allday = 30;//4、6、9、11月份为30天
        } else {
            allday = 31;//其他月份为31天（不包括2月份）
        }
    } else {
        //如果是2月份，需要判断当前是否为闰年
        if (((year % 4) == 0 && (year % 100) != 0) || (year % 400) == 0) {
            allday = 29;//闰年的2月份是29天
        } else {
            allday = 28;//非闰年的2月份是28天
        }
    }
}
```

首先需要判断表示当前月份的变量 month 是否为 2 月份，因为 2 月份比较复杂，根据当前是否为闰年还分为 28 天和 29 天两种情况，其他月份的天数是固定的。因此上述 JavaScript 代码的逻辑思路是先排除 2 月份这种特殊情况，那么如果当前月份为 4、6、9、11 月份，则总天数为 30 天，如果是除此以外的月份，则总天数为 31 天。如果正巧当前月份为 2 月份，则需要进一步判断表示当前年份的变量 year 是否为闰年（年份能被 4 整除并且不能被 100 整除，或者能被 400 整除），如果是闰年，则总天数为 29 天，否则为 28 天。

2．计算当前月份的第一天是星期几

由于当前月份的所有天数需要与抬头的星期对齐，所以首先需要推算当前月份的第一天是星期几，以便后面的每个日期都可以依次对齐正确的星期。在 JavaScript 中创建 showDate()方法用于显示当前月份的全部日期，其相关代码如下：

```
//显示当前月份的日历
function showDate() {
    showMonth();//在年份和月份显示牌上显示当前年月
    count();//计算当前月份的总天数

    //获取本月的第一天的日期对象
    var firstdate = new Date(year, month - 1, 1);

    //推算本月的第一天是星期几
    var xiqi = firstdate.getDay();
    ⋮
}
```

变量 firstdate 用于获取指定年月日的 Date 对象，这里需要获得当前月份的第一天，因此第 3 个参数直接填入数字 1 表示某月的 1 号。由于 year 和 month 是全局变量，之前已经获取了当前的年份和月份，因此这里直接使用即可。但要注意月份是从 0 计算的，之前为了显示正确已经对其进行了加 1 处理，这里需要减 1 进行还原，否则会获取错误的日期。此时再对 firstdate 对象使用 getDay()方法获取对应的是星期几。其中星期一到星期六对应的返回值就是数字 1～6，而星期日对应的是数字 0。

3．显示当前月份的全部日期

因为本例设计的电子日历界面是从星期日开始依次显示一周的日期，所以需要计算当前月份的第一天是否为星期日，如果不是星期日则需要在第一天前面补全星期对应的空白区域。例如 2016 年 7 月 1 日是星期五，那么从星期日到星期五一共需要补全 5 个空白区域才能使得日期与相应的星期对齐。在 showDate()方法中继续添加内容，相关 JavaScript 代码如下：

```
//显示当前月份的日历
function showDate() {
    ⋮

    //动态添加HTML元素
    var daterow = document.getElementById("day");
    daterow.innerHTML = "";
```

```
    //如果本月的第一天不是星期日，则前面需要用空白元素补全日期
    if (xiqi != 0) {
        for (var i = 0; i < xiqi; i++) {
            var dayElement = document.createElement("div");
            dayElement.className = "everyday";
            daterow.appendChild(dayElement);
        }
    }
    ⋮
}
```

在上述代码中首先使用变量 daterow 获取 id="day"的<div>标签，并使用 innerHTML 将其内容重置为空。然后判断当前月份的第一天是否为星期日，如果不是星期日需要在前面补全空白区域。使用 for 循环语句每次补全一天的空白区域，在循环语句中首先使用 createElement 方法动态创建一个<div>元素，然后为其添加 class="everyday"以保证与星期栏的样式相同，最后对变量 daterow 使用 appendChild 方法将当前空白区域添加到页面上。

然后正式添加本月的所有日期，和上面类似也使用了 for 循环语句，每次动态创建一个<div>元素并为其分配 class="everyday"，然后使用 innerHTML 添加一个日期文本。在 JS 文件中变量 day 是全局变量，用于表示当天是几号，因此可以判断如果循环语句本次正是今天的日期，就将此日期用红色字标注突出。在 showDate()方法中继续添加内容，相关 JavaScript 代码如下：

```
//显示当前月份的日历
function showDate() {
    ⋮

    //使用循环语句将当前月份的所有日期显示出来
    for (var j = 1; j <= allday; j++) {
        var dayElement = document.createElement("div");
        dayElement.className = "everyday";
        dayElement.innerHTML = j + "";

        //如果日期为今天，将内容显示为红色
        if (j == day) {
            dayElement.style.color = "red";
        }

        daterow.appendChild(dayElement);
    }
}
```

如果需要一打开浏览器就立刻显示当前月份的内容，必须将 showDate()方法添加到 HTML 页面的<body>标签的 onload 事件中，表示页面加载完毕时执行的 JavaScript 代码。相关 HTML 代码修改后如下：

```
<body onload="showDate()">
    ⋮
</body>
```

运行效果如图 2-7 所示。

目前已完成显示当前月份的全部效果，接下来还需要为"上个月"和"下个月"按钮添加相关单击事件完成全部功能的实现。

2.2.4 按钮控件功能的实现

本节将介绍按钮控件的单击效果如何实现，用户在单击了"上个月"或"下个月"按钮时要能够翻到对应的月份并显示当前月份的日历内容。

1. 往前翻月份的效果实现

在 JavaScript 中创建自定义函数方法 lastMonth()，用于实现往前翻一个月的效果，并将该方法添加到该按钮的 onclick 事件中。相关 HTML 代码修改后如下：

图 2-7　显示状态栏中当前月份的全部日期

```html
<!--显示"上个月"按钮-->
<button onclick="lastMonth()">上个月</button>
```

当用户单击此按钮需要查看上个月的月份时，最简单的做法是将用于表示当前月份的变量 month 减 1。但需要考虑特殊情况：1 月份的上个月是上一年的 12 月份。所以若当前的变量 month 表示的已经是 1 月份，则应该将年份减 1 并将 month 重置到 12 月份。相关 JavaScript 代码如下：

```javascript
//显示上个月的日历
function lastMonth() {
    if (month > 1) {
        month -= 1;

    } else {
        month = 12;
        year -= 1;
    }
    showDate();
}
```

在变量 year 和 month 的值更新之后需要调用 showDate()方法重新在页面上生成新的日历内容。用户每次单击"上个月"按钮均可再往前翻一个月的内容。

2. 往后翻月份的效果实现

在 JavaScript 中创建自定义函数方法 nextMonth()，用于实现往后翻一个月的效果，并将该方法添加到该按钮的 onclick 事件中。相关 HTML 代码修改后如下：

```html
<!--显示"下个月"按钮-->
<button onclick="lastMonth()">下个月</button>
```

当用户单击此按钮需要查看下个月的月份时，最简单的做法是将用于表示当前月份的变量 month 加 1。但需要考虑特殊情况：12 月份的下个月是下一年的 1 月份。所以若当前

的变量 month 表示的已经是 12 月份，则应该将年份加 1 并将 month 重置到 1 月份。相关
JavaScript 代码如下：

```
//显示下个月的日历
function nextMonth() {
    if (month < 12) {
        month += 1;

    } else {
        month = 1;
        year += 1;
    }
    showDate();
}
```

同样是在更新了变量 year 和 month 的值之后需要调用 showDate()方法重新在页面上生
成新的日历内容。用户每次单击"下个月"按钮均可再往后翻一个月的内容。

运行效果如图 2-8 所示。其中图 2-8（a）是显示当前月份的效果；图 2-8（b）是单击
"上个月"按钮的效果；图 2-8（c）是单击"下个月"按钮的效果。

（a）显示当前月份日历

（b）显示上个月日历

（c）显示下个月日历

图 2-8　电子日历中按钮切换月份的效果

2.2.5　完整代码展示

完整的 HTML 代码如下：

```
1.    <!DOCTYPE html>
2.    <html>
3.      <head>
4.        <title>简单电子日历的设计与实现</title>
5.        <meta charset="utf-8">
6.        <link rel="stylesheet" href="css/calendar.css">
7.        <script src="js/calendar.js"></script>
8.      </head>
9.    <body onload="showDate()">
10.       <h3>简单电子日历的设计与实现</h3>
11.       <hr />
12.       <div id="calendar">
13.           <!--状态栏-->
```

```
14.          <div>
15.              <!--显示"上个月"按钮-->
16.              <button onclick="lastMonth()">上个月</button>
17.              <!--显示当前年份和月份-->
18.              <div id="month"></div>
19.              <!--显示"下个月"按钮-->
20.              <button onclick="nextMonth()">下个月</button>
21.          </div>
22.
23.          <!--显示星期几-->
24.          <div>
25.              <div class="everyday">日</div>
26.              <div class="everyday">一</div>
27.              <div class="everyday">二</div>
28.              <div class="everyday">三</div>
29.              <div class="everyday">四</div>
30.              <div class="everyday">五</div>
31.              <div class="everyday">六</div>
32.          </div>
33.
34.          <!--显示当前月份每天的日期-->
35.          <div id="day"></div>
36.      </div>
37.  </body>
38. </html>
```

完整的 CSS 代码如下：

```
1.  div{
2.      text-align:center;
3.      margin-top:10px;
4.      margin-bottom:10px;
5.  }
6.
7.  #calendar{
8.      width: 400px;
9.      margin:auto;
10. }
11.
12. button{
13.     width: 25%;
14.     float:left;
15.     height:40px;
16. }
17.
18. #month{
19.     width: 50%;
20.     float:left;
21. }
22.
23. .everyday{
24.     width: 14%;
25.     float:left;
26. }
```

完整的 JavaScript 代码如下：

```javascript
1.    var today = new Date();
2.    var year = today.getFullYear();
3.    //获取当前年份
4.    var month = today.getMonth() + 1;
5.    //获取当前月份
6.    var day = today.getDate();
7.    //获取当前日期
8.    var allday = 0;
9.    //当前月份的总天数
10.
11.   //用于推算当前月份一共多少天
12.   function count() {
13.       if (month != 2) {
14.           if ((month == 4) || (month == 6) || (month == 9) || (month == 11)){
15.               allday = 30;
16.               //4、6、9、11月份为30天
17.           } else {
18.               allday = 31;
19.               //其他月份为31天（不包括2月份）
20.           }
21.       } else {
22.           //如果是2月份需要判断当前是否为闰年
23.           if (((year % 4) == 0 && (year % 100) != 0) || (year % 400) == 0){
24.               allday = 29;
25.               //闰年的2月份是29天
26.           } else {
27.               allday = 28;
28.               //非闰年的2月份是28天
29.           }
30.       }
31.   }
32.
33.   //显示日历标题中的当前年份和月份
34.   function showMonth() {
35.       var year_month = year + "年" + month + "月";
36.       document.getElementById("month").innerHTML = year_month;
37.   }
38.
39.   //显示当前月份的日历
40.   function showDate() {
41.       showMonth();//在年份和月份的显示牌上显示当前的年月
42.       count();//计算当前月份的总天数
43.
44.       //获取本月第一天的日期对象
45.       var firstdate = new Date(year, month - 1, 1);
46.
47.       //推算本月的第一天是星期几
48.       var xiqi = firstdate.getDay();
49.
50.       //动态添加HTML元素
51.       var daterow = document.getElementById("day");
52.       daterow.innerHTML = "";
53.
54.       //如果本月的第一天不是星期日，则前面需要用空白元素补全日期
```

```
55.        if (xiqi != 0) {
56.            for (var i = 0; i < xiqi; i++) {
57.                var dayElement = document.createElement("div");
58.                dayElement.className = "everyday";
59.                daterow.appendChild(dayElement);
60.            }
61.        }
62.
63.        //使用循环语句将当前月份的所有日期显示出来
64.        for (var j = 1; j <= allday; j++) {
65.            var dayElement = document.createElement("div");
66.            dayElement.className = "everyday";
67.            dayElement.innerHTML = j + "";
68.
69.            //如果日期为今天，将内容显示为红色
70.            if (j == day) {
71.                dayElement.style.color = "red";
72.            }
73.
74.            daterow.appendChild(dayElement);
75.        }
76.    }
77.
78.    //显示上个月的日历
79.    function lastMonth() {
80.        if (month > 1) {
81.            month -= 1;
82.
83.        } else {
84.            month = 12;
85.            year -= 1;
86.        }
87.        showDate();
88.    }
89.
90.    //显示下个月的日历
91.    function nextMonth() {
92.        if (month < 12) {
93.            month += 1;
94.
95.        } else {
96.            month = 1;
97.            year += 1;
98.        }
99.        showDate();
100. }
```

第 3 章　HTML5 拖放 API 项目

本章主要包含两个基于 HTML5 拖放 API 的应用设计实例，一是仿回收站效果的设计与实现，二是图片相框展示的设计与实现。在仿回收站项目中，主要难点为元素的拖曳以及回收效果；在图片相框展示项目中，主要难点为文件的拖曳、自动生成带有相框的图片以及显示图片文件信息的技术。

本章学习目标：
- 学习如何综合应用 HTML5 拖放 API、CSS 与 JavaScript 开发仿回收站效果；
- 学习如何综合应用 HTML5 拖放 API、CSS 与 JavaScript 开发图片相框展示效果。

3.1　仿回收站效果的设计与实现

【例 3-1】　基于 HTML5 拖放 API 的仿回收站效果的设计与实现

背景介绍：在 Windows 等操作系统中均包含回收站功能，用户可以直接将不需要的文件拖曳并放置到桌面回收站图标上以实现文件的删除。

功能要求：使用 HTML5 拖放 API 相关技术在网页上实现仿回收站的类似效果。用户通过拖曳可以将页面上的元素放置到回收站中删除。效果如图 3-1 所示。

　　（a）页面初始加载效果　　　　　　（b）拖动文件 2 的过程　　　　　　（c）文件 2 被删除后的效果

图 3-1　仿回收站效果示意图

图 3-1 以删除文件 2 为例展示了对文件 2 拖动与删除的全过程。其他几个文件的操作效果与之完全相同，这里不再重复举例。

3.1.1　界面设计

本节主要介绍仿回收站效果的页面布局，主要包括文件展示区域和回收站区域两个部分。

1. 使用\<div>标签划分区域

可以使用\<div>标签区分两个不同的区域：① 文件展示区；② 回收站区。

相关 HTML5 代码片段如下：

```html
<body>
    <h3>HTML5拖放API之回收站效果</h3>
    <hr />
    <!--文件展示区域-->
    <div id="container"></div>
    <!--回收站区域-->
    <div id="recycle"></div>
</body>
```

分别为这两个区域的<div>标签定义 id 名称为 container 和 recycle，以便后续在 CSS 的 ID 选择器中使用。

此时还需要 CSS 文件辅助渲染样式，因此在本地 css 文件夹中创建 recycle.css 文件，并在<head>首尾标签中声明对 CSS 文件的引用。相关 HTML5 代码片段如下：

```html
<head>
    <meta charset="utf-8">
    <title>HTML5拖放API之回收站效果</title>
    <link rel="stylesheet" href="css/recycle.css">
</head>
```

在 CSS 文件中为文件展示区域的<div>元素设置样式如下。

- 边框：1 像素宽的实线边框；
- 尺寸：宽 300 像素、高 250 像素；
- 浮动：向左浮动。

相关 CSS 代码片段如下：

```css
/*设置用于放置文件夹的区域样式*/
div#container{
    border: 1px solid;
    width: 300px;
    height: 250px;
    float: left;
}
```

在 CSS 文件中为回收站区域的<div>元素设置样式如下。

- 尺寸：宽 200 像素、高 200 像素；
- 浮动：向左浮动；
- 文本：居中对齐；
- 背景：使用图片背景，素材来源于本地 image 目录下的 recycle.jpg 文件；
- 边距：各边的外边距为 30 像素。

相关 CSS 代码片段如下：

```
/*设置回收站样式*/
div#recycle {
    width: 200px;
    height: 200px;
    float: left;
    text-align: center;
    background: url(../image/recycle.jpg) no-repeat;
    margin: 30px;
}
```

目前尚未在文件展示区域内部添加示例文件，等待接下来补充。

2．使用\<div\>标签制作示例文件

为测试文件拖曳与回收的效果，在 id="container"的\<div\>元素内部继续使用\<div\>元素添加 4 个示例文件。相关 HTML5 代码片段修改后如下：

```
<!--文件展示区域-->
<div id="container">
    <div class="folder">文件1</div>
    <div class="folder">文件2</div>
    <div class="folder">文件3</div>
    <div class="folder">文件4</div>
</div>
```

为这 4 个\<div\>标签设置相同的 class 名称 folder，以便在 CSS 中使用类选择器统一设置样式效果。

在 CSS 文件中为 class="folder"的\<div\>标签设置统一样式如下。

- 文本：居中对齐；
- 浮动：向左浮动；
- 边距：各边的外边距为 20 像素；
- 背景：使用图片背景，素材来源于本地 image 目录下的 folder.png 文件；
- 尺寸：宽 100 像素、高 80 像素，行高 80 像素。

相关 CSS 代码片段如下：

```
/*设置文件夹样式*/
.folder{
    text-align: center;
    float: left;
    margin: 20px;
    background: url(../image/folder.png) no-repeat;
    width: 100px;
    height: 80px;
    line-height: 80px;
}
```

此时界面设计部分就全部完成了，运行后在浏览器中显示的效果如图 3-2 所示。
下面介绍如何使用 HTML5 拖曳 API 技术实现文件夹的拖曳和删除的效果。

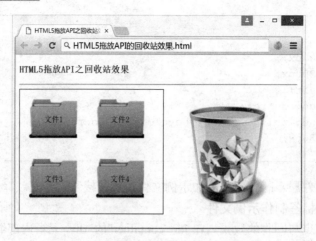

图 3-2　仿回收站效果的界面设计完成图

3.1.2　文件拖曳与回收功能的实现

1. 文件拖曳的实现

文件拖曳的实现比较简便，为 4 个用于显示文件夹图标的<div>元素添加 draggable 属性并将属性值设置为 true 即可。HTML5 相关代码片段修改后如下：

```
<!--文件展示区域-->
<div id="container">
    <div class="folder" draggable="true">文件1</div>
    <div class="folder" draggable="true">文件2</div>
    <div class="folder" draggable="true">文件3</div>
    <div class="folder" draggable="true">文件4</div>
</div>
```

此时文件拖曳已经可以实现了。以文件 2 为例，该文件被拖曳的运行效果如图 3-3 所示。

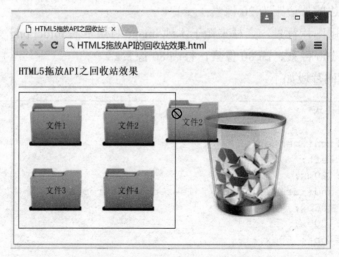

图 3-3　文件 2 被拖曳的效果图

由于目前尚未设置可放置区域，因此该文件只可以被拖曳，还无法放置到指定区域。接下来将介绍如何实现设置可放置区域。

2．将回收站区域设置为可放置区域

将元素设置为可放置区域需要添加 ondragover 事件。本例需要将回收站区域设置为可放置区域，因此在 id="recycle"的<div>元素中添加 ondragover 事件，并且设置自定义名称的回调函数 allowDrop(event)。

HTML5 相关代码片段修改后如下：

```
<!--回收站区域-->
<div id="recycle" ondragover="allowDrop(event)"></div>
```

在 JavaScript 中添加 allowDrop()函数，并且使用 preventDefault()方法解禁当前元素为可放置元素。相关 JavaScript 代码如下：

```
//ondragover事件回调函数
function allowDrop(ev) {
    //解禁当前元素为可放置被拖曳元素的区域
    ev.preventDefault();
}
```

此时文件拖曳到回收站区域上方时将被允许放置。以文件 2 为例，该文件被拖曳到回收站区域的运行效果如图 3-4 所示。

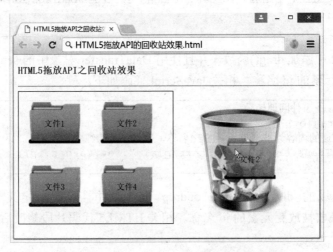

图 3-4　文件 2 在回收站区域可被放置的效果图

由图 3-4 可见，当文件 2 被拖曳到回收站区域上方时，原先显示的禁止符号消失。此时鼠标指针恢复正常指针样式，表示允许在当前区域放置被拖曳的元素。接下来将介绍如何实现文件拖曳到回收站区域放置可直接被删除的效果。

3．回收功能的实现

文件的删除需要依靠拖曳过程中数据的传递来实现。解决方案是在拖曳文件时传递当前元素的 id 名称，然后在回收站区域放置元素时根据被拖曳元素的 id 名称进行元素的删除。

首先为这 4 个用于展示文件的<div>元素分别设置不同的 id 名称以示区别。

相关 HTML5 代码片段修改后如下：

```
<!--文件展示区域-->
<div id="container">
    <div id="file1" class="folder" draggable="true">文件1</div>
    <div id="file2" class="folder" draggable="true">文件2</div>
    <div id="file3" class="folder" draggable="true">文件3</div>
    <div id="file4" class="folder" draggable="true">文件4</div>
</div>
```

当前这 4 个<div>元素的 id 名称分别设置为 file1~file4，开发者也可以根据实际情况修改成其他自定义 id 名称。

然后为这 4 个<div>元素添加 ondragstart 事件，并且设置自定义名称的回调函数 drag(event)用于传递被拖曳元素的 id 名称。相关 HTML5 代码片段修改后如下：

```
<!--文件展示区域-->
<div id="container">
    <div id="file1" class="folder" draggable="true" ondragstart="drag(event)">
    文件1</div>
    <div id="file2" class="folder" draggable="true" ondragstart="drag event)">
    文件2</div>
    <div id="file3" class="folder" draggable="true" ondragstart="drag(event)">
    文件3</div>
    <div id="file4" class="folder" draggable="true" ondragstart="drag(event)">
    文件4</div>
</div>
```

在 JavaScript 中添加 drag()函数，并且使用 DataTransfer 对象中的 setData()方法设置传递的数据为当前元素的 id 名称。相关 JavaScript 代码如下：

```
//ondragstart事件回调函数
function drag(ev) {
    //设置传递的内容为被拖曳元素的id名称，数据类型为纯文本类型
    ev.dataTransfer.setData("text/plain", ev.target.id);
}
```

为回收站区域的<div>元素添加 ondrop 事件，并且设置自定义名称的回调函数 drop(event)用于获取被放置元素的 id 名称。相关 HTML5 代码片段修改后如下：

```
<!--回收站区域-->
<div id="recycle" ondragover="allowDrop(event)" ondrop="drop(event)">
</div>
```

在 JavaScript 中添加 drop()函数，并且使用 DataTransfer 对象中的 getData()方法获取传递的数据，即当前被放置的元素 id 名称。然后根据 id 名称获取被放置的元素对象，并在文件展示区域使用 removeChild()方法删除该元素对象。相关 JavaScript 代码如下：

```
//ondrop事件回调函数
    function drop(ev) {
        //解禁当前元素为可放置被拖曳元素的区域
        ev.preventDefault();
        //获取当前被放置的元素id名称
        var id = ev.dataTransfer.getData("text");
        //根据id名称获取元素对象
```

```
        var folder = document.getElementById(id);
        //获取文件夹区域并删除该元素对象
        document.getElementById("container").removeChild(folder);
    }
```

以文件 2 为例，该文件被拖曳到回收站区域并删除的最终效果如图 3-5 所示。

图 3-5　文件 2 在回收站区域被删除的效果图

由图 3-5 可见，此时在文件展示区域只显示剩下的 3 个文件夹图标，放入回收站区域的元素已经彻底被删除。至此仿回收站效果的功能已经全部实现。

3.1.3　完整代码展示

HTML5 完整代码如下：

```
1.   <!DOCTYPE html>
2.   <html>
3.       <head>
4.           <meta charset="utf-8">
5.           <title>HTML5拖放API之回收站效果</title>
6.           <link rel="stylesheet" href="css/recycle.css">
7.       </head>
8.       <body>
9.           <h3>HTML5拖放API之回收站效果</h3>
10.          <hr />
11.          <div id="container">
12.              <div id="file1" class="folder" draggable="true" ondragstart=
        "drag(event)">
13.                  文件1
14.              </div>
15.              <div id="file2" class="folder" draggable="true" ondragstart=
        "drag(event)">
16.                  文件2
17.              </div>
18.              <div id="file3" class="folder" draggable="true" ondragstart=
        "drag(event)">
19.                  文件3
```

```
20.            </div>
21.            <div id="file4" class="folder" draggable="true" ondragstart=
               "drag(event)">
22.                文件4
23.            </div>
24.        </div>
25.        <div id="recycle" ondragover="allowDrop(event)" ondrop="drop
           (event)"></div>
26.        <script>
27.            //ondragstart事件回调函数
28.            function drag(ev) {
29.                //设置传递的内容为被拖曳元素的id名称，数据类型为纯文本类型
30.                ev.dataTransfer.setData("text/plain", ev.target.id);
31.            }
32.            //ondragover事件回调函数
33.            function allowDrop(ev) {
34.                //解禁当前元素为可放置被拖曳元素的区域
35.                ev.preventDefault();
36.            }
37.            //ondrop事件回调函数
38.            function drop(ev) {
39.                //解禁当前元素为可放置被拖曳元素的区域
40.                ev.preventDefault();
41.                //获取当前被放置的元素id名称
42.                var id = ev.dataTransfer.getData("text");
43.                //根据id名称获取元素对象
44.                var folder = document.getElementById(id);
45.                //获取文件夹区域并删除该元素对象
46.                document.getElementById("container").removeChild(folder);
47.            }
48.        </script>
49.    </body>
50. </html>
```

CSS 完整代码如下：

```
1.    /*设置用于放置文件夹的区域样式*/
2.    div#container{
3.        border: 1px solid;
4.        width: 300px;
5.        height: 250px;
6.        float: left;
7.    }
8.    /*设置文件夹样式*/
9.    .folder{
10.       text-align: center;
11.       float: left;
12.       margin: 20px;
13.       background: url(../image/folder.png) no-repeat;
14.       width: 100px;
15.       height: 80px;
16.       line-height: 80px;
17.   }
18.   /*设置回收站样式*/
19.   div#recycle {
```

```
20.      width: 200px;
21.      height: 200px;
22.      float: left;
23.      text-align: center;
24.      background: url(../image/recycle.jpg) no-repeat;
25.      margin: 30px;
26.  }
```

3.2 图片相框展示的设计与实现

【例3-2】 基于 HTML5 拖曳 API 的图片相框展示的设计与实现

背景介绍：目前市面上的一些修图工具软件带有自动为图片添加不同款式相框的功能，用户可以选择本地图片文件然后为其添加相框效果。

功能要求：使用 HTML5 拖放 API 相关技术在网页上实现为指定图片自动生成图片相框的效果。用户通过拖曳将本地的图片文件放置到页面上的指定区域即可在页面上自动生成带有相框效果的图片展示。效果如图 3-6 所示。

（a）页面初始加载效果

（b）本地图片文件的拖曳

（c）自动生成相框效果

图 3-6　图片相框展示的效果示意图

将本地的图片文件拖曳到页面上的指定区域进行放置，即可生成带有相框样式的图片展示效果。由图 3-6 可见，生成的最终效果还包括原始图片的名称、类型、大小和修改时间等相关信息。

3.2.1　界面设计

本节主要介绍示例项目的页面布局设计，主要包括本地文件放置区域和带有相框图片的展示区域两个部分。

可以使用<div>标签区分这两个区域，相关 HTML5 代码片段如下：

```
<body>
    <h3>HTML5拖放API之图片相框效果</h3>
    <hr />
    <!--可放置文件区-->
```

```
    <div id="recycle">请将图片拖放至此处</div>
    <br />
    <!--带有相框的图片展示区-->
    <div id="output"></div>
</body>
```

分别为这两个区域的<div>标签定义 id 名称为 recycle 和 output，以便后续在 CSS 的 ID 选择器中使用。

此时还需要 CSS 文件辅助渲染样式，因此在本地 css 文件夹中创建 photoframe.css 文件，并在<head>首尾标签中声明对 CSS 文件的引用。相关 HTML5 代码片段如下：

```
<head>
    <meta charset="utf-8">
    <title>HTML5拖放API之图片相框效果</title>
    <link rel="stylesheet" href="css/photoframe.css">
</head>
```

在 CSS 文件中为可放置区域的<div>元素设置样式如下。

- 尺寸：宽 200 像素、高 50 像素；
- 边框：1 像素宽的虚线边框；
- 文本：居中对齐；
- 行高：单行高度为 50 像素。

相关 CSS 代码片段如下：

```
/*设置可放置区域样式*/
#recycle {
    width: 200px;
    height: 50px;
    border: 1px dashed;
    text-align: center;
    line-height: 50px;
}
```

在 CSS 文件中为图片展示区域的<div>元素设置样式如下。

- 浮动：向左浮动。
- 边距：各边的外边距为 10 像素。
- 文本：居中对齐。
- 尺寸：宽度为 500 像素。

相关 CSS 代码片段如下：

```
/*设置带有相框的图片展示区域样式*/
#output {
    float: left;
    margin: 10px;
    text-align: center;
    width: 500px;
}
```

此时界面设计部分全部完成，运行后在浏览器中显示的效果如图 3-7 所示。

下面介绍如何使用 HTML5 拖曳 API 技术实现图片文件的拖曳与相框自动生成效果。

图 3-7　图片相框展示的界面设计效果图

3.2.2　相框自动生成功能的实现

1．可放置区域的实现

将元素设置为可放置区域需要添加 ondragover 事件。本示例需要在 id="recycle"的\<div\>元素中添加 ondragover 事件，并且设置自定义名称的回调函数 allowDrop(event)。

HTML5 相关代码片段修改后如下：

```
<!--可放置文件区-->
<div id="recycle" ondragover="allowDrop(event)">请将图片拖放至此处</div>
```

在 JavaScript 中添加 allowDrop()函数，并且使用 preventDefault()方法解禁当前元素为可放置元素。相关 JavaScript 代码如下：

```
//ondragover事件回调函数
function allowDrop(ev) {
    //解禁当前元素为可放置被拖曳元素的区域
    ev.preventDefault();
}
```

此时文件拖曳到 id="recycle"的\<div\>元素上方时将被允许放置。本地图片文件被拖曳到可放置区域的运行效果如图 3-8 所示。

图 3-8　本地图片文件可被放置的效果图

HTML5 拖放 API 项目

接下来将介绍如何在页面上生成带有相框的图片效果。

2. 生成带有相框的图片效果

为 id="recycle"的<div>元素添加 ondrop 事件，并且设置自定义名称的回调函数 fileDrop(event)。当用户在指定区域放置图片文件时会触发 fileDrop()函数。

HTML5 相关代码片段修改后如下：

```
<!--可放置文件区-->
<div id="recycle" ondragover="allowDrop(event)" ondrop="fileDrop(event)">
    请将图片拖放至此处
</div>
```

在 JavaScript 中添加 fileDrop()函数，并且使用 preventDefault()方法解禁当前元素为可放置元素。然后获取 id="output"的<div>元素对象，并使用其 innerHTML 属性清空内容。相关 JavaScript 代码如下：

```
//ondrop事件回调函数
function fileDrop(e) {
    //解禁当前元素为可放置被拖曳元素的区域
    e.preventDefault();

    //获取图片展示区域对象output
    var output = document.getElementById("output");
    //将图片展示区域的内容清空
    output.innerHTML = "";
}
```

用该方法清空 output 对象的内容主要是为了在重复放入图片文件时可以清除上一次的图片内容。如果本次为首次放置文件，则 output 对象的内容原本就为空。

在 JavaScript 的 fileDrop()方法中添加代码。由于被拖放的文件允许是一个或者多个，因此使用 Datatransfer 对象中的 files 属性获取同时被拖放的文件信息。然后使用 for 循环语句遍历每一个被放置的本地文件。新增内容的 fileDrop()方法的代码片段如下：

```
//ondrop事件回调函数
function fileDrop(e) {
    ...

    //获取从本地拖曳放置的文件对象数组files
    var files = e.dataTransfer.files;

    //使用for循环遍历同时被拖曳并放置到指定区域的所有文件
    for (var i = 0,f; f = files[i]; i++) {
        //待补充代码
    }
}
```

在 JavaScript 中使用 document.createElement()方法动态创建图片元素，将其 src 属性设置为被拖放的本地图片文件地址，并分别设置其宽 330 像素、高 270 像素。新增内容的 fileDrop()方法的代码片段如下：

```
//ondrop事件回调函数
```

```
function fileDrop(e) {
    ⋮
    //使用for循环遍历同时被拖曳并放置到指定区域的所有文件
    for (var i = 0,f; f = files[i]; i++) {
        //创建带有相框的图片
        //获取当前图片文件的URL来源
        var imgURL = window.webkitURL.createObjectURL(f);
        //创建图片对象img
        var img = document.createElement("img");
        //设置图片对象img的src属性为当前图片文件的URL地址
        img.setAttribute("src", imgURL);
        //设置图片对象img的宽度为330像素
        img.setAttribute("width", "330");
        //设置图片对象img的高度为270像素
        img.setAttribute("height", "270");

        //待补充代码
    }
}
```

此时用户拖曳并放置的每一张图片都将产生一个宽 330 像素、高 270 像素的<img>元素。

接下来在 for 循环中使用 document.createElement()方法动态创建<div>元素，将其背景图片设置为相框样式，并将图片元素添加到相框元素中。

新增内容的 fileDrop()方法的代码片段如下：

```
//ondrop事件回调函数
function fileDrop(e) {
    ⋮
    //使用for循环遍历同时被拖曳并放置到指定区域的所有文件
    for (var i = 0,f; f = files[i]; i++) {
        //创建带有相框的图片
        ⋮
        //设置相框对象photo
        var photo = document.createElement("div");
        //为相框对象添加class="photoframe"，以加载相框背景图片
        photo.setAttribute("class","photoframe");
        //将图片添加到相框对象中
        photo.appendChild(img);

        //待补充代码
    }
}
```

其中 setAttribute("class","photoframe")语句表示为用于展示相框的<div>元素添加 class="photoframe"属性。该 class 名称可自定义，并且需要在 CSS 文件中设置相关样式内容。

在 CSS 文件中使用类选择器为用于展示相框的<div>元素设置样式如下。

- 背景：使用图片背景，素材来源于本地 image 目录下的 photoframe.jpg 文件。
- 尺寸：宽 500 像素，高 438 像素。
- 文本：居中对齐。

● 浮动：向左浮动。

相关 CSS 代码片段如下：

```css
/*设置图片相框效果样式*/
.photoframe {
    background: url(../image/photoframe.jpg) no-repeat;
    width: 500px;
    height: 438px;
    text-align: center;
    float: left;
}
```

此时图片尚不能正常居中显示。为了快速实现图片在垂直方向上居中对齐的效果，需要在其后面添加一个宽度为 0、高度为 100%的图片 2。图片 2 不占空间位置，仅用于辅助图片居中效果。

新增内容的 **fileDrop()**方法的代码片段如下：

```javascript
//ondrop事件回调函数
function fileDrop(e) {
    ⋮
    //使用for循环遍历同时被拖曳并放置到指定区域的所有文件
    for (var i = 0,f; f = files[i]; i++) {
        //创建带有相框的图片
        ⋮
        //创建图片对象img2
        var img2 = document.createElement('img');
        //设置图片对象img2的class="block"
        img2.setAttribute("class", "block");
        //将图片2也添加到相框元素中
        photo.appendChild(img2);

        //添加相框和图片效果
        output.appendChild(photo);

        //待补充代码
    }
}
```

其中，setAttribute("class","block")语句表示为图片 2 添加 class= "block"属性。该 class 名称可自定义，并且需要在 CSS 文件中设置相关样式内容。

在 CSS 文件中使用类选择器为图片 2 设置样式如下：

```css
/*设置图片2的样式*/
.block {
    width: 0px;
    height: 100%;
}
```

此时图片 2 可以帮助需要显示的图片实现垂直居中效果。运行效果如图 3-9 所示。

接下来将介绍如何在页面上显示图片文件的相关信息，包括原始图片的名称、类型、大小和修改时间等信息。

3．显示图片文件信息

修改 JavaScript 中的 fileDrop()方法，在其中的 for 循环语句内部继续添加用于显示图片信息的相关代码。文件的相关信息均来源于 files 数组中的每一个文件对象。

图 3-9　相框自动生成的效果图

新增内容的 fileDrop()方法的代码片段如下：

```
//ondrop事件回调函数
function fileDrop(e) {
    ⋮
    //使用for循环遍历同时被拖曳并放置到指定区域的所有文件
    for (var i = 0,f; f = files[i]; i++) {
        //创建带有相框的图片
        ⋮

        //创建图片下方的状态信息栏
        //使用div元素创建状态信息栏status
        var status = document.createElement('div');
        //获取当前文件的最新修改日期
        var lastModified = f.lastModifiedDate;
        //修改当前文件的最新修改日期的描述格式
        var lastModifiedStr = lastModified ? lastModified.toLocaleDateString()
        + ' ' + lastModified.toLocaleTimeString() : 'n/a';
        //设置图片下方状态信息栏的描述内容
        status.innerHTML = '<strong>' + f.name + '</strong> (' + (f.type ||
        'n/a') + ')<br>大小: ' + f.size + '字节<br>修改时间: ' + lastModifiedStr;

        //添加文件描述
        output.appendChild(status);
```

```
          }
      }
```

分别尝试拖放一个和多个本地图片文件，其效果如图 3-10 所示。

（a）单个图片文件的显示效果　　　　　　（b）多个图片文件的显示效果

图 3-10　为单个或多个图片生成相框的效果图

由图 3-10 可见，本例项目也支持本地图片文件的批量拖放，并能够分别为每一张图片生成相框效果。至此图片相框展示的功能已经全部实现。

3.2.3　完整代码展示

HTML5 完整代码如下：

```
1.   <!DOCTYPE html>
2.   <html>
3.       <head>
4.           <meta charset="utf-8">
5.           <title>HTML5拖放API之图片相框效果</title>
6.           <link rel="stylesheet" href="css/photoframe.css">
7.       </head>
8.       <body>
9.           <h3>HTML5拖放API之图片相框效果</h3>
10.          <hr />
11.          <!--可放置文件区-->
12.          <div id="recycle" ondragover="allowDrop(event)" ondrop="fileDrop
             (event)">
13.              请将图片拖放至此处
14.          </div>
15.          <br />
16.          <!--带有相框的图片展示区-->
```

```
17.        <div id="output"></div>
18.        <script>
19.            //ondragover事件回调函数
20.            function allowDrop(ev) {
21.                //解禁当前元素为可放置被拖曳元素的区域
22.                ev.preventDefault();
23.            }
24.            //ondrop事件回调函数
25.            function fileDrop(e) {
26.                //解禁当前元素为可放置被拖曳元素的区域
27.                e.preventDefault();
28.
29.                //获取图片展示区域对象output
30.                var output = document.getElementById("output");
31.                //将图片展示区域的内容清空
32.                output.innerHTML = "";
33.
34.                //获取从本地拖曳放置的文件对象数组files
35.                var files = e.dataTransfer.files;
36.
37.                //使用for循环遍历同时被拖曳并放置到指定区域的所有文件
38.                for (var i = 0,f; f = files[i]; i++) {
39.                    //创建带有相框的图片
40.                    //获取当前图片文件的URL来源
41.                    var imgURL = window.webkitURL.createObjectURL(f);
42.                    //创建图片对象img
43.                    var img = document.createElement("img");
44.                    //设置图片对象img的src属性为当前图片文件的URL地址
45.                    img.setAttribute("src", imgURL);
46.                    //设置图片对象img的宽度为330像素
47.                    img.setAttribute("width", "330");
48.                    //设置图片对象img的高度为270像素
49.                    img.setAttribute("height", "270");
50.
51.                    //设置相框对象photo
52.                    var photo = document.createElement("div");
53.                    //为相框对象添加class="photoframe"，以加载相框背景图片
54.                    photo.setAttribute("class", "photoframe");
55.                    //将图片添加到相框对象中
56.                    photo.appendChild(img);
57.
58.                    //创建图片对象img2
59.                    var img2 = document.createElement("img");
60.                    //设置图片对象img2的class="block"
61.                    img2.setAttribute("class", "block");
62.                    //将图片2也添加到相框元素中
63.                    photo.appendChild(img2);
64.
65.                    //添加相框和图片效果
66.                    output.appendChild(photo);
67.
68.                    //创建图片下方的状态信息栏
69.                    //使用div元素创建状态信息栏status
70.                    var status = document.createElement("div");
71.                    //获取当前文件的最新修改日期
72.                    var lastModified = f.lastModifiedDate;
```

```
73.                    //修改当前文件的最新修改日期的描述格式
74.                    var lastModifiedStr = lastModified ? lastModified.
       toLocaleDateString() + ' ' + lastModified.toLocale
       TimeString() : 'n/a';
75.                    //设置图片下方状态信息栏的描述内容
76.                    status.innerHTML = '<strong>' + f.name + '</strong>
       (' + (f.type || 'n/a') + ')<br>大小: ' + f.size +
       '字节<br>修改时间: ' + lastModifiedStr;
77.
78.                    //添加文件描述
79.                    output.appendChild(status);
80.                }
81.            }
82.        </script>
83.    </body>
84. </html>
```

完整的 CSS 文件代码如下:

```
1.    /*设置可放置区域样式*/
2.    #recycle {
3.        width: 200px;
4.        height: 50px;
5.        border: 1px dashed;
6.        text-align: center;
7.        line-height: 50px;
8.    }
9.    /*设置图片相框效果样式*/
10.   .photoframe {
11.       background: url(../image/photoframe.jpg) no-repeat;
12.       width: 500px;
13.       height: 438px;
14.       text-align: center;
15.       float: left;
16.   }
17.   /*设置图片在垂直方向上居中显示*/
18.   img {
19.       vertical-align: middle;
20.   }
21.   /*设置图片2的样式*/
22.   .block {
23.       width: 0px;
24.       height: 100%;
25.   }
26.   /*设置带有相框的图片展示区域样式*/
27.   #output {
28.       float: left;
29.       margin: 10px;
30.       text-align: center;
31.       width: 500px;
32.   }
```

第4章 HTML5 表单 API 项目

本章主要包含两个基于 HTML5 表单 API 的应用设计实例，一是用户注册页面的设计与实现，二是问卷调查页面的设计与实现。在用户注册页面设计项目中，主要难点为表单的布局以及提示与验证功能；在问卷调查页面设计项目中，主要难点为表单设计、使用 <input> 标签自带的属性实现验证功能，以及使用 JavaScript 自定义函数实现验证功能。

本章学习目标：
- 学习如何综合应用 HTML5 表单 API、CSS 与 JavaScript 开发用户注册页面；
- 学习如何综合应用 HTML5 表单 API、CSS 与 JavaScript 开发问卷调查页面。

4.1 用户注册页面的设计与实现

【例 4-1】 基于 HTML5 表单技术制作用户注册页面

功能介绍：使用 HTML5 表单技术实现用户注册页面，要求用户可以输入用户名、密码、真实姓名和电子邮箱等信息进行注册。

验证要求：每个输入栏目的文本框均需要显示提示信息。用户在单击按钮提交注册信息时可以验证所有栏目均为必填项以及电子邮箱的有效性。

运行的最终效果如图 4-1 所示。

图 4-1 HTML5 用户注册页面的最终效果图

4.1.1   界面设计

本节主要介绍用户注册页面的布局设计。

首先直接使用一个区域元素<div>在页面背景上创建用户注册页面，在其内部添加标题、水平线并预留表单空间。相关 HTML5 代码片段如下：

```html
<body>
    <div id="container">
        <!--页面标题-->
        <h1>用户注册页面</h1>
        <!--水平线-->
        <hr />
        <!--表单-->
    </div>
</body>
```

该段代码为<div>元素定义了 id="container"，以便可以使用 CSS 的 ID 选择器进行样式设置。

本例使用 CSS 外部样式表规定页面样式。在本地 css 文件夹中创建 reg.css 文件，并在<head>首尾标签中声明对 CSS 文件的引用。相关 HTML5 代码片段如下：

```html
<head>
    <meta charset="utf-8" >
    <title>HTML5用户注册页面示例</title>
    <link rel="stylesheet" href="css/reg.css">
</head>
```

在 CSS 文件中为<div>标签设置样式，具体样式要求如下。

- 颜色：背景颜色为白色，字体颜色为蓝色；
- 尺寸：宽度为 600 像素；
- 边距：各边的内边距为 15 像素，上外边距为 100 像素，下外边距为 0 像素，左、右外边距定义为 auto，以便可以居中显示；
- 文本：居中显示，字体采用了微软雅黑 Light 的格式；
- 特殊：使用了 CSS3 技术为其定义边框阴影效果，在其右下角有黑色投影。

相关 CSS 代码片段如下：

```css
/*注册面板样式*/
#container{
    background-color:white;
    color:#2289F0;
    padding:15px;
    margin: 100px auto 0px; /*上边距100px；左、右为auto；下边距0px*/
    width:600px;
    text-align:center;
    font-family:"微软雅黑 Light";
    box-shadow: 10px 10px 15px black;
}
```

其中，box-shadow 属性可以实现边框投影效果，4 个参数分别代表水平方向的偏移（向右偏移 10 像素）、垂直方向的偏移（向下偏移 10 像素）、阴影宽度（15 像素）和阴影颜色（黑色），均可自定义成其他值。该属性属于 CSS3 新特性中的一种，在这里仅为美化页面做简单使用。

在 CSS 文件中为水平线标签<hr>做简单样式修改：设置水平线为 80%的宽度，线条为 1 像素的蓝色实线，底端外边距为 15 像素。

相关 CSS 代码片段如下：

```
/*水平线样式*/
hr{
    width:80%;
    border:#2289F0 1px solid;
    margin-bottom:15px;
}
```

由于网页背景颜色默认为白色，与<div>元素设置的背景颜色相同，为了区分，将网页的背景颜色设置为浅灰色。

相关 CSS 代码片段如下：

```
body {
    background-color:#CCCCCC;/*设置页面背景颜色为浅灰色*/
}
```

此时页面效果如图 4-2 所示。

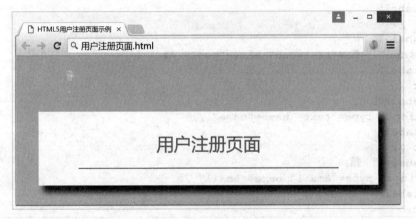

图 4-2　HTML5 用户注册页面的效果图

由图 4-2 可见，关于<div>标签的样式要求已初步实现。目前尚未在<div>首尾标签之间填充表单的相关内容，因此在网页上浏览没有完整效果，需等待后续补充。下面介绍如何创建表单。

4.1.2　表单设计

本节主要介绍如何在页面上创建完整表单，包括用户注册时需要填写的各类输入框和提交按钮。

首先在<div>元素的预留区域添加一个表单元素<form>。相关 HTML5 代码片段如下：

```
<body>
    <div id="container">
        <!--页面标题-->
        <h1>用户注册页面</h1>
        <!--水平线-->
        <hr />
        <!--表单-->
        <form method="post" action="URL">
        </form>
    </div>
</body>
```

其中，<form>首标签中的 method 属性用于定义提交数据使用 POST 方法，action 属性用于定义提交给服务器的地址，这里根据实际情况改成真实的服务器地址即可。

在表单中使用<input>标签制作文本输入框，并将其嵌套在<label>元素的首尾标签内，以便单击标签上的文字内容即可让输入框获得焦点。相关 HTML5 代码片段如下：

```
<form method="post" action="URL">
  <label>用户名：
    <input type="text" name="username" />
  </label>
  <br />
  label>密  码：
    <input type="password" name="pwd" />
  </label>
  <br />
  <label>确  认：
    <input type="password" name="pwd2" />
  </label>
  <br />
  <label>姓  名：
    <input type="text" name="name" />
  </label>
  <br />
  <label>邮  箱：
    <input type="email" name="email" />
  </label>
</form>
```

其中，"用户名"和"姓名"使用的是 text 类型，表示普通单行文本框；"密码"与"确认"使用的是 password 类型，表示密码框（与单行文本框样式相同，文本内容会被掩码）；"邮箱"使用的是 email 类型。

在 CSS 文件中为所有输入标签<input>进行统一样式设置。

- 尺寸：宽度为 180 像素、高度为 20 像素。
- 边距：各边的外边距为 5 像素。
- 字体：字体大小为 16 像素，字体采用了微软雅黑 Light 的格式。

相关 CSS 代码片段如下：

```
/*输入表单样式*/
input{
    width:180px;
    height:20px;
    margin:5px;
    font-size:16px;
    font-family:"微软雅黑 Light";
}
```

在输入域下方添加按钮，这里使用了<button>标签以便可以自定义按钮上的文本及背景颜色等内容。相关 HTML5 代码片段如下：

```
<form method="post" action="URL">
 …（前面的<input>相关代码省略）
 <br />
 <button type="submit">
  提交注册
 </button>
</form>
```

其中<button>标签的类型为 submit，表示其为提交按钮，当用户单击该按钮时可以向服务器提交表单数据。

在 CSS 文件中为按钮标签<button>进行样式设置。

- 尺寸：宽度为 120 像素、高度为 40 像素。
- 颜色：背景颜色为蓝色，字体颜色为白色。
- 边框：0 像素（无边框效果）。
- 边距：各边的外边距为 10 像素。
- 字体：字体大小为 18 像素、加粗显示，字体采用了微软雅黑 Light 的格式。

相关 CSS 代码片段如下：

```
/*按钮样式*/
button{
    width:120px;
    height:40px;
    background-color:#2289F0;
    border:0px;
    color: white;
    margin:10px;
    font-size:18px;
    font-family:"微软雅黑 Light";
    font-weight:bold;
}
```

还可以为<button>标签设置鼠标悬浮时的样式效果，在 CSS 样式表中用 button:hover表示。本例将该效果设置为按钮背景颜色的改变，换成颜色加深的蓝色。

相关 CSS 代码片段如下：

```
/*鼠标悬浮时按钮的样式*/
button:hover{
    background-color:#0068D0;
}
```

此时整个样式设计就全部完成了，其页面效果如图 4-3 所示。

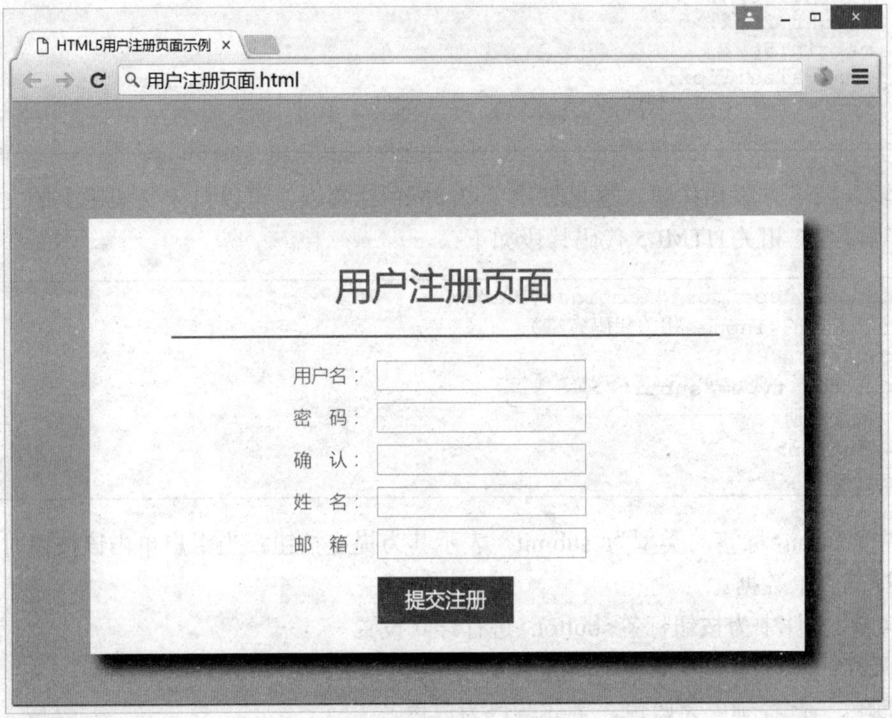

图 4-3　HTML5 用户注册页面的效果图

由图 4-3 可见，关于用户注册页面的布局和样式要求已初步实现。目前尚未为表单元素添加提示与验证功能，该内容将在下一节介绍。

4.1.3　提示与验证功能的实现

本节主要介绍如何实现 HTML 表单的提示与验证功能，包括以下内容：
- 为所有输入框添加提示语句；
- 为所有输入框添加非空验证；
- 为电子邮箱进行有效性验证；
- 为输入内容进行记忆及下次输入时自动补全。

1. 使用<input>标签的 placeholder 属性实现提示效果

为每一个<input>标签添加 HTML5 表单新增的 placeholder 属性，在属性值中填写需要提示的内容。相关 HTML5 代码片段修改后如下：

```
<form method="post" action="URL">
 <label>用户名：
  <input type="text" placeholder="请输入用户名" name="username" />
 </label>
 <br />
 <label>密　码：
  <input type="password" placeholder="请输入密码" name="pwd" />
 </label>
```

```
  <br />
  <label>确  认:
    <input type="password" placeholder="请再次输入密码" name="pwd" />
  </label>
  <br />
  <label>姓  名:
    <input type="text" placeholder="请输入真实姓名" name="name" />
  </label>
  <br />
  <label>邮  箱:
    <input type="email" placeholder="请输入电子邮箱" name="email" />
  </label>
  <br />
  <button type="submit">
    提交注册
  </button>
</form>
```

此时页面效果如图 4-4 所示。

图 4-4　HTML5 用户注册页面增加提示语句

由图 4-4 可见，在每个输入框内均可以显示提示语句。当输入框获取焦点时该提示语句会自动消失，不影响用户的正常输入。

2. 使用<input>标签的 required 属性实现非空验证

为每一个<input>标签添加 HTML5 表单新增的 required 属性以实现非空验证，可以写成完整版 required="required"，也可以简写为 required。相关 HTML5 代码片段修改后如下：

```
<form method="post" action="URL">
  <label>用户名:
```

```
    <input type="text" placeholder="请输入用户名" name="username" required />
  </label>
  <br />
  <label>密　码:
    <input type="password" placeholder="请输入密码" name="pwd" required />
  </label>
  <br />
  <label>确　认:
    <input type="password" placeholder="请再次输入密码" name="pwd" required />
  </label>
  <br />
  <label>姓　名:
    <input type="text" placeholder="请输入真实姓名" name="name" required />
  </label>
  <br />
  <label>邮　箱:
    <input type="email" placeholder="请输入电子邮箱" name="email" required />
  </label>
  <br />
  <button type="submit">
    提交注册
  </button>
</form>
```

此时为了测试效果故意将用户名输入框保持空白并单击"提交注册"按钮。

运行效果如图 4-5 所示。

图 4-5　HTML5 用户注册页面的非空验证

由图 4-5 可见，<input> 标签的 required 属性生效，该属性可以自动为输入框进行非空验证，当用户没有输入任何内容时会终止表单数据的提交并弹出提示。

3. 使用<input>标签的 email 类型实现电子邮箱验证

<input>标签的 email 类型自带邮箱验证功能，如果用户曾经使用 text 类型制作电子邮箱输入框，在这里改为 email 即可。相关 HTML5 代码片段如下：

```
<label>邮　箱：
    <input type="email" name="email" />
</label>
```

为了测试效果在邮箱栏目填入一个错误内容，没有带电子邮箱的特有符号"@"。

运行效果如图 4-6 所示。

图 4-6　HTML5 用户注册页面的邮箱验证

由图 4-6 可见，<input>标签的 email 类型生效，该属性可以自动为输入框进行邮箱格式验证，当用户输入的内容没有包含"@"符号时会终止表单数据的提交并弹出提示。

4. 使用<form>标签的 autocomplete 属性实现内容的自动记忆补全

为<form>标签添加 HTML5 表单新增的 autocomplete 属性以实现自动记忆补全功能，用户如果上一次提交过数据，则在重新打开填写时会在文本框下方展开历史提示选项。

相关 HTML5 代码片段修改后如下：

```
<form method="post" action="URL" autocomplete="on">
    …（内容省略）
</form>
```

此时 autocomplete 属性值 on 表示开启自动记忆补全功能，如果改为 off 则表示关闭该功能。为了测试效果，重新打开该页面输入用户名。

运行效果如图 4-7 所示。

由图 4-7 可见，<form>标签的 autocomplete 属性生效，该属性可以自动展开之前的输入内容作为提示选项。至此本例题已全部完成。

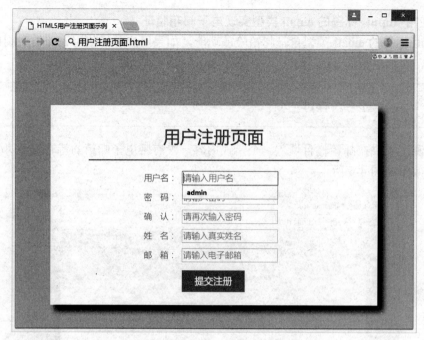

图 4-7　HTML5 用户注册页面输入内容的自动补全

4.1.4　完整代码展示

HTML5 完整代码如下：

```
1.    <!DOCTYPE html>
2.    <html>
3.        <head>
4.            <meta charset="utf-8" >
5.            <title>HTML5用户注册页面示例</title>
6.            <link rel="stylesheet" href="css/reg.css">
7.        </head>
8.        <body>
9.            <div id="container">
10.             <!--页面标题-->
11.             <h1>用户注册页面</h1>
12.             <!--水平线-->
13.             <hr />
14.             <!--表单-->
15.             <form method="post" action="URL" autocomplete="on">
16.                 <label>用户名:
17.                     <input type="text" placeholder="请输入用户名" name=
                        "username" required />
18.                 </label>
19.                 <br />
20.                 <label>密  码:
21.                     <input type="password" placeholder="请输入密码" name=
                        "pwd" required />
22.                 </label>
23.                 <br />
24.                 <label>确  认:
25.                     <input type="password" placeholder="请再次输入密码"
```

```
                                 name="pwd" required />
26.                          </label>
27.                          <br />
28.                          <label>姓　名:
29.                              <input type="text" placeholder="请输入真实姓名" name=
                                 "name" required />
30.                          </label>
31.                          <br />
32.                          <label>邮　箱:
33.                              <input type="email" placeholder="请输入电子邮箱" name=
                                 "email" required />
34.                          </label>
35.                          <br />
36.                          <button type="submit">
37.                              提交注册
38.                          </button>
39.                      </form>
40.                  </div>
41.          </body>
42.  </html>
```

CSS 文件 reg.css 的完整代码如下:

```
1.   body {
2.       background-color:#CCCCCC;/*设置页面背景颜色为浅灰色*/
3.   }
4.
5.   /*注册面板样式*/
6.   #container{
7.       background-color:white;
8.       color:#2289F0;
9.       padding:15px;
10.      margin: 100px auto 0px;  /*上边距为100像素; 左右为auto; 下边距为0像素*/
11.      width:600px;
12.      text-align:center;
13.      font-family:"微软雅黑 Light";
14.      box-shadow: 10px 10px 15px black;
15.  }
16.
17.  /*水平线样式*/
18.  hr{
19.      width:80%;
20.      border:#2289F0 1px solid;
21.      margin-bottom:15px;
22.  }
23.
24.  /*输入表单样式*/
25.  input{
26.      width:180px;
27.      height:20px;
28.      margin:5px;
29.      font-size:16px;
30.      font-family:"微软雅黑 Light";
31.  }
32.
33.  /*按钮样式*/
34.  button{
```

```
35.        width:120px;
36.        height:40px;
37.        background-color:#2289F0;
38.        border:0px;
39.        color: white;
40.        margin:10px;
41.        font-size:18px;
42.        font-family:"微软雅黑 Light";
43.        font-weight:bold;
44.    }
45.
46.    /*鼠标悬浮时按钮的样式*/
47.    button:hover{
48.        background-color:#0068D0;
49.    }
```

4.2 问卷调查页面的设计与实现

【例 4-2】 基于 HTML5 表单技术制作问卷调查页面

主题介绍：随着移动终端的普及，手机移动支付业务成为现在市场支付手段的发展趋势。本例以手机移动支付业务为例，使用 HTML5 表单技术实现相关业务的问卷调查页面。

功能要求：要求用户可以根据调查问题进行单选、多选以及在结尾处填写姓名、职位和联系电话等信息。每个输入栏目的文本框均需要显示提示信息。用户在单击按钮提交注册信息时可以验证所有栏目均为必填项以及电子邮箱的有效性。

运行的最终效果如图 4-8 所示。

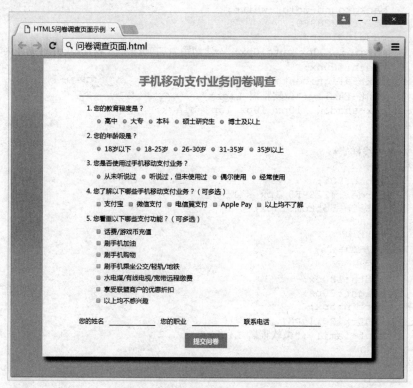

图 4-8 HTML5 问卷调查页面的最终效果图

4.2.1 界面设计

本节主要介绍问卷调查页面的布局设计。

首先直接使用一个区域元素<div>在页面背景上创建问卷调查页面，在其内部添加标题、水平线并预留表单空间。相关 HTML5 代码片段如下：

```
<body>
    <div id="questionnaire">
        <!--页面标题-->
        <h1>手机移动支付业务问卷调查</h1>
        <!--水平线-->
        <hr />
        <!--表单-->
    </div>
</body>
```

该段代码为<div>元素定义了 id="questionnaire"，以便可以使用 CSS 的 ID 选择器进行样式设置。

本例使用 CSS 外部样式表规定页面样式。在本地 css 文件夹中创建 questionnaire.css 文件，并在<head>首尾标签中声明对 CSS 文件的引用。相关 HTML5 代码片段如下：

```
<head>
    <meta charset="utf-8" >
    <title>HTML5问卷调查页面示例</title>
    <link rel="stylesheet" href="css/questionnaire.css">
</head>
```

在 CSS 文件中为<div>标签设置样式，具体样式要求如下。
- 颜色：背景颜色为白色。
- 尺寸：宽度为 900 像素。
- 边距：各边的内边距为 15 像素，外边距定义为 auto，以便可以居中显示。
- 文本：居中显示，字体采用了微软雅黑的格式。
- 特殊：使用 CSS3 技术为其定义边框阴影效果，在其右下角有黑色投影。

相关 CSS 代码片段如下：

```
/*问卷面板样式*/
#questionnaire{
    background-color:white;
    padding:15px;
    margin: auto;
    width:900px;
    text-align:center;
    font-family:"微软雅黑";
    box-shadow: 10px 10px 15px black;
}
```

其中 box-shadow 属性用于为元素设置阴影效果，在这里仅为美化页面做简单使用。

在 CSS 文件中为水平线标签<hr>做简单样式修改：设置水平线为 80%的宽度，线条为 1 像素的橙色实线，底端外边距为 15 像素。

相关 CSS 代码片段如下：

```
/*水平线样式*/
hr{
    width:80%;
    border:orange 1px solid;
    margin-bottom:15px;
}
```

由于网页背景颜色默认为白色，与<div>元素设置的背景颜色相同。为了区分，将网页的背景颜色设置为浅灰色。

相关 CSS 代码片段如下：

```
body {
    background-color:#CCCCCC;/*设置页面的背景颜色为浅灰色*/
}
```

此时页面效果如图 4-9 所示。

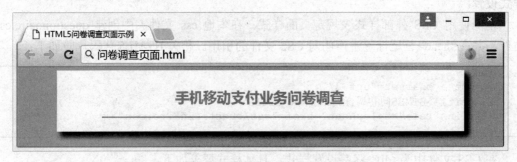

图 4-9　HTML5 问卷调查页面的效果图

由图 4-9 可见，关于<div>标签的样式要求已初步实现。目前尚未在<div>首尾标签之间填充表单的相关内容，因此在网页上浏览没有完整效果，需等待后续补充。下面介绍如何创建表单。

4.2.2　表单设计

本节主要介绍如何在页面上创建完整表单，包括问卷调查中的单选、多选选项以及个人信息使用的单行文本框。

1．表单元素<form>的设计

首先在<div>元素的预留区域添加一个表单元素<form>。相关 HTML5 代码片段如下：

```
<body>
    <div id="container">
        <!--页面标题-->
        <h1>手机移动支付业务问卷调查</h1>
        <!--水平线-->
        <hr />
        <!--表单-->
        <form method="post" action="URL">
        </form>
```

```
        </div>
    </body>
```

其中，<form>首标签中的 method 属性用于定义提交数据使用 POST 方法，action 属性用于定义提交给服务器的地址，在这里根据实际情况改成真实的服务器地址即可。

在 CSS 文件 questionnaire.css 中为表单元素<form>进行样式设置。

- 文本：对齐方式为左对齐；
- 尺寸：宽度为问卷调查页面宽度的 80%，高度根据文字内容自适应；
- 边距：各边的外边距设置为 auto，以便将表单居中显示。

相关 CSS 代码片段如下：

```
/*表单样式*/
form{
    text-align:left;
    width:80%;
    margin:auto;
}
```

此时由于表单内部尚未填充内容，所以页面效果暂无明显变化。

2. 使用有序列表标签<ol>设计问题样式

在表单中使用有序列表标签<ol>和列表选项标签<li>制作问卷调查的问题，问题将自动显示为阿拉伯数字序号标记。相关 HTML5 代码片段如下：

```
<form method="post" action="URL">
    <ol>
        <li>您的教育程度是？</li>
        <!--表单选项内容-->

        <li>您的年龄段是？</li>
        <!--表单选项内容-->

        <li>您是否使用过手机移动支付业务？</li>
        <!--表单选项内容-->

        <li>您了解以下哪些手机移动支付业务？（可多选）</li>
        <!--表单选项内容-->

        <li>您看重以下哪些支付功能？（可多选）</li>
        <!--表单选项内容-->
    </ol>
</form>
```

其中列表选项标签<li>生成的每个问题均会自动产生编号，问题下方预留位置等待补充具体的选项内容。

在 CSS 文件 questionnaire.css 中为列表选项标签<li>进行简单的样式设置：上、下外边距为 10 像素，左、右外边距为 0。相关 CSS 代码片段如下：

```
/*列表选项样式*/
li{
    margin:10px 0;
}
```

此时的运行效果如图 4-10 所示。

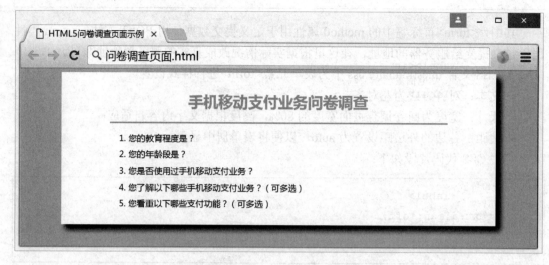

图 4-10　HTML5 问卷调查页面的有序列表

由图 4-10 可见，关于问卷调查页面的 5 个调研问题已初步实现。下一节将介绍如何在表单中为每个问题创建回答选项。

3．使用<input>标签设计问题选项

在问卷调查中的前 3 个问题均为单选题，选项使用 radio 类型的<input>标签创建；后两个问题均为多选题，选项使用 checkbox 类型的<input>标签创建，并将选项分别嵌套在<label>元素的首尾标签内，以便单击标签上的文字内容即可让输入框获得焦点。

相关 HTML5 代码片段如下：

```
<form method="post" action="URL">
    <ol>
        <li>您的教育程度是？</li>
        <label><input type="radio" name="q1" value="q1_1" />高中 </label>
        <label><input type="radio" name="q1" value="q1_2" />大专 </label>
        <label><input type="radio" name="q1" value="q1_3" />本科 </label>
        <label><input type="radio" name="q1" value="q1_4" />硕士研究生 </label>
        <label><input type="radio" name="q1" value="q1_5" />博士及以上 </label>

        <li>您的年龄段是？</li>
        <label><input type="radio" name="q2" value="q2_1" />18岁以下 </label>
        <label><input type="radio" name="q2" value="q2_2" />18-25岁 </label>
        <label><input type="radio" name="q2" value="q2_3" />26-30岁 </label>
        <label><input type="radio" name="q2" value="q2_4" />31-35岁 </label>
        <label><input type="radio" name="q2" value="q2_5" />35岁以上 </label>

        <li>您是否使用过手机移动支付业务？</li>
        <label><input type="radio" name="q3" value="q3_1" />从未听说过 </label>
        <label><input type="radio" name="q3" value="q3_2" />
            听说过，但未使用过
        </label>
        <label><input type="radio" name="q3" value="q3_3" />偶尔使用 </label>
```

```
                <label><input type="radio" name="q3" value="q3_4" />经常使用 </label>

                <li>您了解以下哪些手机移动支付业务？（可多选）</li>
                <label><input type="checkbox" name="q4" value="q4_1" />支付宝 </label>
                <label><input type="checkbox" name="q4" value="q4_2" />微信支付 </label>
                <label><input type="checkbox" name="q4" value="q4_3" />
                    电信翼支付
                </label>
                <label><input type="checkbox"name="q4"value="q4_4"/>Apple Pay </label>
                <input type="checkbox" name="q4" value="q4_5" />以上均不了解</label>

                <li>您看重以下哪些支付功能？（可多选）</li>
                <label><input type="checkbox" name="q5" value="q5_1" />
                    话费/游戏币充值
                </label>
                <br />
                <label><input type="checkbox" name="q5" value="q5_2" />
                    刷手机加油
                </label>
                <br />
                <label><input type="checkbox" name="q5" value="q5_3" />
                    刷手机购物
                </label>
                <br />
                <label><input type="checkbox" name="q5" value="q5_4" />
                    刷手机乘坐公交/轻轨/地铁
                </label>
                <br />
                <label><input type="checkbox" name="q5" value="q5_5" />
                    水电煤/有线电视/宽带远程缴费
                </label>
                <br />
                <label><input type="checkbox" name="q5" value="q5_6" />
                    享受联盟商户的优惠折扣
                </label>
                <br />
                <label><input type="checkbox" name="q5" value="q5_7" />
                    以上均不感兴趣
                </label>
            </ol>
    </form>
```

问卷调查中每个问题对应的<input>选项需要使用完全相同的 name 名称，表示划分为同一个组，这里使用了 q1～q5 的自定义名称。单选域 radio 类型使用相同名称可以实现只能单选的效果；多选域 checkbox 类型使用相同名称是为了提交表单时将同一题的答案批量关联同一个 name 名称传递给服务器。

在 CSS 文件中为输入标签<input>进行简单的样式设置：各边的外边距均为 10 像素。相关 CSS 代码片段如下：

```
/*输入表单样式*/
input{
    margin:10px;
}
```

此时页面效果如图 4-11 所示。

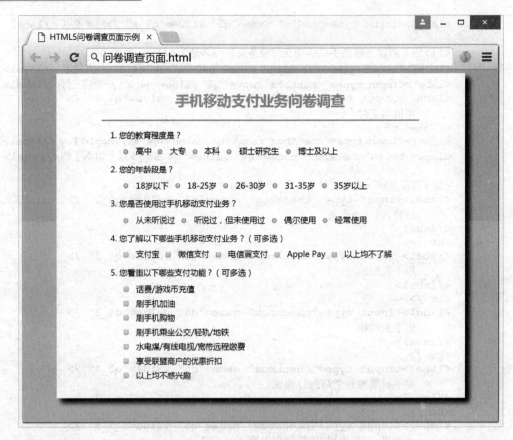

图 4-11　HTML5 问卷调查页面的问题选项

由图 4-11 可见，目前问卷调查页面上的 5 个问题和相关选项已初步成型。接下来将介绍如何在表单中添加个人信息填写栏目。

4．使用<input>标签设计个人信息填写栏目

在问题与选项的下方使用<input>标签添加个人信息输入框，包括姓名、职位和联系电话。其中姓名和职位使用的是 text 类型，联系电话使用了 tel 类型。相关 HTML5 代码片段如下：

```
<form method="post" action="URL">
 …（前面的问题和选项的相关代码省略）
 <label>您的姓名<input type="text" name="name" /></label>
 <label>您的职业<input type="text" name="position" /></label>
 <label>联系电话<input type="tel" name="tel" /></label>
</form>
```

在 CSS 文件 questionnaire.css 中为 text 和 tel 类型的<input>标签进行样式设置。

- 尺寸：宽 130 像素，高 20 像素。
- 字体：大小为 16 像素，字体风格为微软雅黑。
- 边框：去掉所有边框线，并重新设置底部边框线为 1 像素的实线。

相关 CSS 代码片段如下：

```
/*输入表单样式*/
input[type="text"],input[type="tel"]{
    width:130px;
    height:20px;
    font-size:16px;
    font-family:"微软雅黑";
    border:0px;
    border-bottom:1px solid;
    outline:none;
}
```

其中最后 3 行代码是为了实现输入框的下画线效果。由于输入框本身默认会有一个凹陷效果，因此需要先去掉边框，再自行重新定义底部的边框线。

此时页面效果如图 4-12 所示。

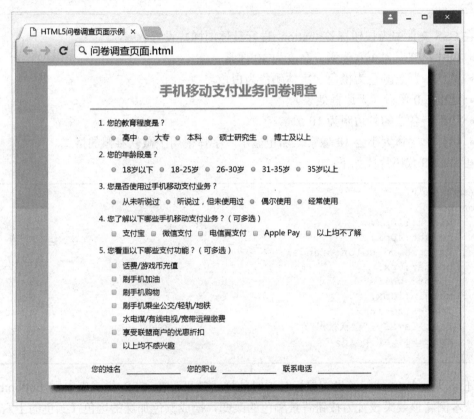

图 4-12   HTML5 问卷调查页面新增个人信息栏目

由图 4-12 可见，问卷调查页面最下方的个人信息填写栏目已经基本实现。接下来将介绍如何在表单内容的末尾添加自定义样式的提交按钮。

5. 使用<button>标签设计问卷提交按钮

在输入域下方添加按钮，这里使用了<button>标签以便可以自定义按钮上的文本及背景颜色等内容。在<button>元素的外部添加了一个 id= "btn"的<div>元素，以便在 CSS 文件中为其设置居中显示的样式。

相关 HTML5 代码片段如下：

```
<form method="post" action="URL">
   …（前面的问题和个人信息的相关代码省略）
   <div id="btn">
      <button type="submit">提交问卷</button>
   </div>
</form>
```

其中，<button>标签的类型为 submit 表示其为提交按钮，当用户单击该按钮时可以向服务器提交表单数据。

为 id= "btn"的<div>元素设置 CSS 样式：文本为居中对齐的方式。

```
/*按钮外区域div元素样式*/
#btn{
    text-align:center;
}
```

在 CSS 文件中为按钮标签<button>进行具体的样式设置。

- 尺寸：宽度为 120 像素、高度为 40 像素。
- 颜色：背景颜色为橙色，字体颜色为白色。
- 边框：0 像素（无边框效果）。
- 边距：各边的外边距为 10 像素。
- 字体：字体大小为 18 像素、加粗显示，字体采用了微软雅黑的格式。

相关 CSS 代码片段如下：

```
/*按钮样式*/
button{
    width:120px;
    height:40px;
    background-color:orange;
    border:0px;
    color: white;
    margin:10px;
    font-size:18px;
    font-family:"微软雅黑";
    font-weight:bold;
}
```

还可以为<button>标签设置鼠标悬浮时的样式效果，在 CSS 样式表中用 button:hover 表示。本例将该效果设置为按钮背景颜色的改变，换成颜色加深的橙色（颜色的十六进制码为#FF6835）。

相关 CSS 代码片段如下：

```
/*鼠标悬浮时按钮样式*/
button:hover{
    background-color:#FF6835;
}
```

此时整个样式设计就全部完成了，其页面效果如图 4-13 所示。

由图 4-13 可见，关于问卷调查页面的布局和样式要求已初步实现。表单元素的提示与验证功能将在下一节介绍。

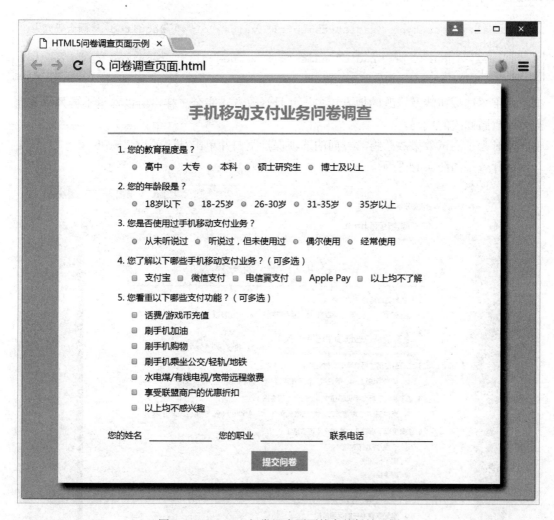

图 4-13　HTML5 问卷调查页面的完整版效果图

4.2.3　验证功能的实现

本节主要介绍如何实现 HTML 表单的提示与验证功能，包括以下内容：

- 为所有单选框添加非空验证；
- 为个人信息栏添加非空验证；
- 为所有多选框添加非空验证。

1. 使用\<input\>标签的 required 属性实现单选框的非空验证

为所有 radio 类型的\<input\>标签添加 HTML5 表单新增的 required 属性以实现非空验证，可以写成完整版 required="required"，也可以简写为 required。

以第一组单选按钮为例，相关 HTML5 代码片段修改后如下：

```
<li>您的教育程度是？</li>
<label><input type="radio" name="q1" value="q1_1" required />高中 </label>
<label><input type="radio" name="q1" value="q1_2" required />大专 </label>
<label><input type="radio" name="q1" value="q1_3" required />本科 </label>
```

```
<label><input type="radio" name="q1" value="q1_4" required />硕士研究生
</label>
<label><input type="radio" name="q1" value="q1_5" required />博士及以上
</label>
```

由于单选按钮涉及修改的地方较多,并且修改方式完全一样,所以这里不再列举其他需要做相同修改的代码。

此时为了测试效果故意将第一问的选项保持空白并单击"提交问卷"按钮。

运行效果如图 4-14 所示。

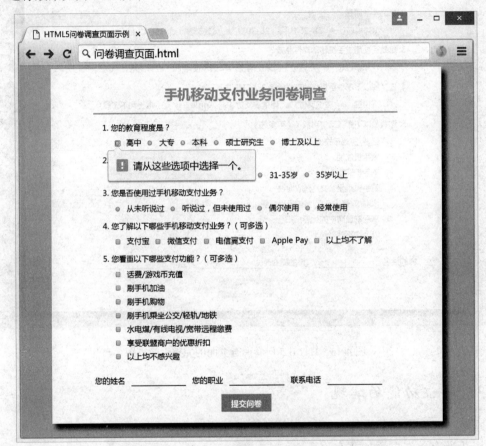

图 4-14　HTML5 用户注册页面的单选按钮的非空验证

由图 4-14 可见,<input>标签的 required 属性生效,该属性可以自动为 radio 类型的单选按钮进行非空验证,当用户没有输入任何内容时会终止表单数据的提交并弹出提示。

2.使用<input>标签的 required 属性实现个人信息栏的非空验证

个人信息栏包括 text 类型和 tel 类型的<input>元素,均显示为单行文本输入框样式。其非空验证的修改方式和之前一样,需要添加 required 属性。

相关 HTML5 代码片段修改后如下:

```
<label>您的姓名<input type="text"  name="name" required /></label>
<label>您的职业<input type="text" name="position" required /></label>
<label>联系电话<input type="tel" name="tel" required /></label>
```

此时为了测试效果故意将所有个人信息的输入框均保持空白并单击"提交问卷"按钮。运行效果如图 4-15 所示。

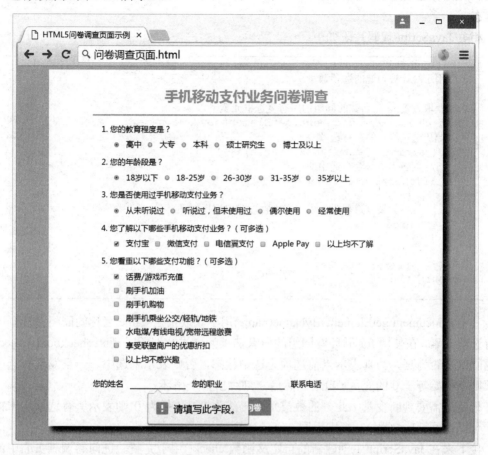

图 4-15 HTML5 用户注册页面的个人信息的非空验证

由图 4-15 可见，<input>标签的 required 属性生效，该属性可以自动为 text 或 tel 类型的输入框进行非空验证，当用户没有输入任何内容时会终止表单数据的提交并弹出提示。

3．使用 JavaScript 自定义函数实现多选框的非空验证

本例不适合为 checkbox 类型的<input>元素添加 required 属性来进行非空验证，因为这会导致同组多选框中的每一个选项都成为必选，并不符合最少只需要选择其中一个选项的条件，所以另外使用 JavaScript 自定义函数为多选框进行非空验证。

在本地 js 文件夹中创建 questionnaire.js 文件，并在<head>首尾标签中声明对该 JS 文件的引用。修改后的相关 HTML5 代码片段如下：

```
<head>
    <meta charset="utf-8" >
    <title>HTML5问卷调查页面示例</title>
    <link rel="stylesheet" href="css/questionnaire.css">
    <script src="js/questionnaire.js"></script>
</head>
```

由于对问卷调查页面上的第 4、5 题非空验证的判断思路完全相同，所以在 JavaScript

中声明返回值为布尔值的 checkBox(name)方法，用于判断同组的选项是否为空。可以先获取同组的所有选项元素，然后使用 for 循环语句遍历每个选择，并判断当前选项是否为选中状态。

相关 JavaScript 代码片段如下：

```javascript
function checkBox(name){
    //用于统计被勾选的选项数量
    var j=0;
    //获取指定name名称的同组的所有复选框元素
    var checkbox = document.getElementsByName(name);
    //遍历选项组中的所有选项
    for(var i=0; i<checkbox.length;i++){
        //判断当前是否有选中的选项
        if(checkbox[i].checked){
            j++;
            //如果有选项为选中状态则直接跳出遍历循环
            break;
        }
    }
    if(j==0)return false;
    return true;
}
```

其中，document.getElementsByName(name)用于获取指定 name 名称的同组多选框中的所有选项元素。在使用 for 循环对同组的所有选项元素进行遍历时判断 checkbox[i].checked 的返回值是否为真，为真表示当前选项为选中状态，否则表示未选中。一旦发现有选中的选项则令初始等于 0 的变量 j 自增，然后立刻跳出整个循环。

最后只需要判断变量 j 此刻的数值是否仍然为 0，如果为 0 则表示所有选项均未被选中，可以返回 false（假），否则返回 true（真）。

接下来在 JavaScript 中创建新的自定义函数 check()用于完整验证问卷调查页面中的第4、5题是否为空。相关 JavaScript 代码片段如下：

```javascript
function check(){
    //调用checkBox(name)函数判断第4题的情况
    var q4 = checkBox("q4");
    if(q4==false){
        alert("第4题起码要选择一个选项。");
        return false;
    }
    //调用checkBox(name)函数判断第5题的情况
    var q5 = checkBox("q5");
    if(q5==false){
        alert("第5题起码要选择一个选项。");
        return false;
    }
    return true;
}
```

在该方法中依次对 checkBox(name)函数进行了调用，分别填入不同的 name 名称（q4和 q5）即可对指定的题号迅速作出判断。其中任何一题没有完成勾选都会弹出对话框并给出相关提示语句。

为<form>标签添加 onsubmit 属性用于监听提交表单的动作，一旦用户提交表单先调用 JavaScript 函数进行相关分析判断，再做下一步决定。

相关 HTML5 代码片段修改后如下：

```
<form method="post" action="URL" onsubmit="return check()">
    …（内容省略）
</form>
```

此时调用 JavaScript 自定义函数 check()并获取其返回值，如果返回 true（真）则继续提交表单，否则将终止本次表单的提交。

为测试 JavaScript 函数的验证效果，故意将第 5 题不填并单击"提交问卷"按钮。

运行效果如图 4-16 所示。

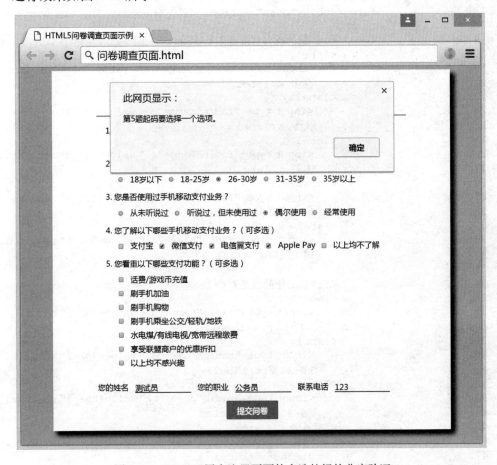

图 4-16 HTML5 用户注册页面的多选按钮的非空验证

由图 4-16 可见，JavaScript 的自定义函数生效并成功地完成了多选框的非空验证。至此本例题已全部完成。

4.2.4 完整代码展示

HTML5 完整代码如下：

```
1.    <!DOCTYPE html>
2.    <html>
3.        <head>
4.            <meta charset="utf-8" >
5.            <title>HTML5问卷调查页面示例</title>
6.            <link rel="stylesheet" href="css/questionnaire.css">
7.            <script src="js/questionnaire.js"></script>
8.        </head>
9.        <body>
10.           <div id="questionnaire">
11.               <!--页面标题-->
12.               <h1>手机移动支付业务问卷调查</h1>
13.               <!--水平线-->
14.               <hr />
15.               <!--表单-->
16.               <form method="post" action="URL" onsubmit="return check()">
17.                   <ol>
18.                       <li>您的教育程度是？ </li>
19.                       <label>
20.                           <input type="radio"name="q1" value="q1_1"required/>
21.                           高中 </label>
22.                       <label>
23.                           <input type="radio"name="q1" value="q1_2" required />
24.                           大专 </label>
25.                       <label>
26.                           <input type="radio"name="q1" value="q1_3" required />
27.                           本科 </label>
28.                       <label>
29.                           <input type="radio"name="q1" value="q1_4" required />
30.                           硕士研究生 </label>
31.                       <label>
32.                           <input type="radio"name="q1" value="q1_5" required />
33.                           博士及以上 </label>
34.
35.                       <li>您的年龄段是？ </li>
36.                       <label>
37.                           <input type="radio"name="q2" value="q2_1" required />
38.                           18岁以下 </label>
39.                       <label>
40.                           <input type="radio"name="q2" value="q2_2" required />
41.                           18-25岁 </label>
42.                       <label>
43.                           <input type="radio"name="q2" value="q2_3" required />
44.                           26-30岁 </label>
45.                       <label>
46.                           <input type="radio"name="q2" value="q2_4" required />
47.                           31-35岁 </label>
48.                       <label>
49.                           <input type="radio"name="q2" value="q2_5" required />
50.                           35岁以上 </label>
51.
52.                       <li>您是否使用过手机移动支付业务？ </li>
53.                       <label>
54.                           <input type="radio"name="q3" value="q3_1" required />
55.                           从未听说过 </label>
56.                       <label>
57.                           <input type="radio"name="q3" value="q3_2" required />
```

```
58.                        听说过，但未使用过 </label>
59.                    <label>
60.                        <input type="radio" name="q3"value="q3_3" required />
61.                        偶尔使用 </label>
62.                    <label>
63.                        <input type="radio"name="q3" value="q3_4" required />
64.                        经常使用 </label>
65.
66.                    <li>您了解以下哪些手机移动支付业务？（可多选）</li>
67.                    <label>
68.                        <input type="checkbox" name="q4" value="q4_1" />
69.                        支付宝 </label>
70.                    <label>
71.                        <input type="checkbox" name="q4" value="q4_2" />
72.                        微信支付 </label>
73.                    <label>
74.                        <input type="checkbox" name="q4" value="q4_3" />
75.                        电信翼支付 </label>
76.                    <label>
77.                        <input type="checkbox" name="q4" value="q4_4" />
78.                        Apple Pay </label>
79.                    <input type="checkbox" name="q4" value="q4_5" />
80.                    以上均不了解
81.                    </label>
82.
83.                    <li>您看重以下哪些支付功能？（可多选）</li>
84.                    <label>
85.                        <input type="checkbox" name="q5" value="q5_1" />
86.                        话费/游戏币充值 </label>
87.                    <br />
88.                    <label>
89.                        <input type="checkbox" name="q5" value="q5_2" />
90.                        刷手机加油 </label>
91.                    <br />
92.                    <label>
93.                        <input type="checkbox" name="q5" value="q5_3" />
94.                        刷手机购物 </label>
95.                    <br />
96.                    <label>
97.                        <input type="checkbox" name="q5" value="q5_4" />
98.                        刷手机乘坐公交/轻轨/地铁 </label>
99.                    <br />
100.                   <input type="checkbox" name="q5" value="q5_5" />
101.                   水电煤/有线电视/宽带远程缴费 </label>
102.                   <br />
103.                   <label>
104.                       <input type="checkbox" name="q5" value="q5_6" />
105.                       享受联盟商户的优惠折扣 </label>
106.                   <br />
107.                   <label>
108.                       <input type="checkbox" name="q5" value="q5_7" />
109.                       以上均不感兴趣 </label>
110.               </ol>
111.
112.               <label>您的姓名
113.                   <input type="text"  name="name" required />
114.               </label>
```

```
115.              <label>您的职业
116.                 <input type="text" name="position" required />
117.              </label>
118.              <label>联系电话
119.                 <input type="tel" name="tel" required />
120.              </label>
121.
122.               <div id="btn">
123.                  <button type="submit">提交问卷</button>
124.              </div>
125.           </form>
126.        </div>
127.     </body>
128. </html>
```

CSS 文件 questionnaire.css 的完整代码如下：

```
1.    body {
2.        background-color:#CCCCCC;/*设置页面背景颜色为浅灰色*/
3.    }
4.
5.    /*问卷面板样式*/
6.    #questionnaire{
7.        background-color:white;
8.        padding:15px;
9.        margin: auto;
10.       width:900px;
11.       text-align:center;
12.       font-family:"微软雅黑";
13.       box-shadow: 10px 10px 15px black;
14.   }
15.
16.   /*标题样式*/
17.   h1{
18.       color:orange;
19.   }
20.
21.   /*水平线样式*/
22.   hr{
23.       width:80%;
24.       border:orange 1px solid;
25.       margin-bottom:15px;
26.   }
27.
28.   /*表单样式*/
29.   form{
30.       text-align:left;
31.       width:80%;
32.       margin:auto;
33.   }
34.
35.   /*列表选项样式*/
36.   li{
37.       margin:10px 0;
38.   }
39.
40.   /*输入表单样式*/
```

```
41.    input{
42.        margin:10px;
43.    }
44.
45.    /*输入表单样式*/
46.    input[type="text"],input[type="tel"]{
47.        width:130px;
48.        height:20px;
49.        font-size:16px;
50.        font-family:"微软雅黑";
51.        border:0px;
52.        border-bottom:1px solid;
53.        outline:none;
54.    }
55.
56.    /*按钮外区域div元素样式*/
57.    #btn{
58.        text-align:center;
59.    }
60.
61.    /*按钮样式*/
62.    button{
63.        width:120px;
64.        height:40px;
65.        background-color:orange;
66.        border:0px;
67.        color: white;
68.        margin:10px;
69.        font-size:18px;
70.        font-family:"微软雅黑";
71.        font-weight:bold;
72.    }
73.
74.    /*鼠标悬浮时按钮的样式*/
75.    button:hover{
76.        background-color:#FF6835;
77.    }
```

JavaScript 文件 questionnaire.js 的完整代码如下：

```
1.    function checkBox(name){
2.        //用于统计被勾选的选项数量
3.        var j=0;
4.        //获取指定name名称的同组的所有复选框元素
5.        var checkbox = document.getElementsByName(name);
6.        //遍历选项组中的所有选项
7.        for(var i=0; i<checkbox.length;i++){
8.            //判断当前是否有选中的选项
9.            if(checkbox[i].checked){
10.                j++;
11.                //如果有选项为选中状态直接跳出遍历循环
12.                break;
13.            }
14.        }
15.        if(j==0)return false;
16.        return true;
17.    }
18.
```

```
19.    function check(){
20.        //调用checkBox(name)函数判断第4题的情况
21.        var q4 = checkBox("q4");
22.        if(q4==false){
23.            alert("第4题起码要选择一个选项。");
24.            return false;
25.        }
26.        //调用checkBox(name)函数判断第5题的情况
27.        var q5 = checkBox("q5");
28.        if(q5==false){
29.            alert("第5题起码要选择一个选项。");
30.            return false;
31.        }
32.        return true;
33.    }
```

第 5 章 | HTML5 画布 API 项目

本章主要包含了两个基于 HTML5 画布 API 的应用设计实例，一是手绘时钟的设计与实现，二是拼图游戏的设计与实现。在手绘时钟项目中，主要难点为时钟刻度与时钟的绘制以及时间实时更新的动画效果；在拼图游戏项目中，主要难点为拼图画面的初始化、鼠标单击事件、游戏计时功能、游戏成功与重新开始的判定。

本章学习目标：
- 学习如何综合应用 HTML5 画布 API、CSS 与 JavaScript 开发手绘时钟项目；
- 学习如何综合应用 HTML5 画布 API、CSS 与 JavaScript 开发拼图游戏项目。

5.1 手绘时钟的设计与实现

【例 5-1】 基于 HTML5 画布的手绘时钟的设计与实现

功能要求：不依赖任何图片素材，完全基于 HTML5 画布 API 绘制时钟，并实现每秒更新的动态效果，效果如图 5-1 所示。

5.1.1 界面设计

本节主要介绍手绘时钟页面的界面设计，包括以下内容：
- 画布的创建；
- 时钟的刻度绘制；
- 时钟的指针绘制；
- 时钟的表盘绘制。

1. 画布的创建

使用 `<canvas>` 标签在页面上创建画布，定义了画布的宽度和高度均为 300 像素，并使用行内样式表为画布设置了边框为 1 像素宽度的黑色实线。相关 HTML5 代码片段如下：

图 5-1 手绘时钟效果图

```
<body>
    <h3>手绘时钟</h3>
    <hr />
    <canvas id="clockCanvas" width="300" height="300" style="border:1px
solid">
        对不起，您的浏览器不支持HTML5画布API。
    </canvas>
</body>
```

该段代码为 `<canvas>` 元素定义了 id="clockCanvas"，以便可以在 JavaScript 中进行绘图

工作，并且在<canvas>首尾之间添加了浏览器不支持画布 API 时的提示语句，如果浏览器支持 HTML5 画布 API 则不会显示出来。

此时页面效果如图 5-2 所示。

由图 5-2 可见，带有边框的画布效果已展现在了页面上。由于当前还没有进行绘制，因此画布上无内容需等待后续补充。接下来将介绍如何在画布上绘制时钟刻度。

2. 绘制时钟刻度

在进行绘制工作之前需要在 JavaScript 中创建 context 对象。本例采用了内部 JavaScript 代码的形式，在<body>标签中添加<script>首尾标签并在其中填写相关的绘图语句。

图 5-2　在页面上创建画布

相关 JavaScript 代码如下：

```
<script>
    //根据id找到指定的画布
    var c = document.getElementById("clockCanvas");
    //创建2D的context对象
    var ctx = c.getContext("2d");

    //绘制时钟
    function drawClock() {
        //等待补充绘图代码
    }
</script>
```

该段代码在 JavaScript 中自定义了名称为 drawClock()函数，用于绘制完整的时钟样式。

在绘图之前首先在 drawClock()函数中预设画笔样式和位置。相关 JavaScript 代码如下：

```
<script>
    …

    //绘制时钟
    function drawClock() {
        //保存画布的初始绘制状态
        ctx.save();

        /*设置画笔样式和位置*/
        //设置画布中心为参照点
        ctx.translate(150, 150);
        //以画布中心为参照点逆时针旋转90°
        ctx.rotate(-Math.PI / 2);
        //设置画笔线条宽度为6像素
        ctx.lineWidth = 6;
        //设置画笔线条的末端为圆形
        ctx.lineCap = "round";
    }
</script>
```

上述代码首先使用 save()方法保存了初始的绘图状态，然后开始进行画笔样式和位置的设置：将参照点移动到了画布的中心坐标(150,150)，表示以画布中心为参照点进行旋转变形等设置。然后使用 rotate()方法由水平向右的默认方向逆时针旋转 90°，换算成弧度单位为 π/2，表示将从水平向上的方向开始进行绘图。

其中 lineWidth 和 lineCap 属性用于设置线条的宽度和末端形状，用户可以根据实际开发情况自定义其他样式效果。

接下来绘制 12 小时对应的 12 个刻度，相邻的两个刻度之间应该间隔 30°，换算成弧度单位为π/6。因此可以使用 for 循环语句循环 12 次，从之前设置的水平向上方位开始绘制第一条刻度，然后每绘制一条刻度再使用 rotate()方法顺时针旋转 30°即可绘制下一条刻度。相关 JavaScript 代码如下：

```
<script>
    …

    //绘制时钟
    function drawClock() {
        …（代码略）

    /*设置画笔样式和位置*/
        …（代码略）

    /*画12个小时的刻度*/
    //循环12次，每次绘制一条刻度
    for (var i = 0; i < 12; i++) {
        ctx.beginPath();
        //每次顺时针旋转60°
        ctx.rotate(Math.PI / 6);
        //绘制刻度线段的路径
        ctx.moveTo(100, 0);
        ctx.lineTo(120, 0);
        //描边路径
        ctx.stroke();
    }
    }
</script>
```

这里绘制了 20 像素长的线段作为小时的刻度，由距离画布中心 100 像素的位置开始，绘制到离中心 120 像素的位置结束。由于绘制完一圈 12 个刻度等于是旋转 360°还原了，后续的绘制不会受到这段代码中的 rotate()的影响导致错位发生，因此无须使用 save()和restore()方法来恢复绘图设置。

在<body>标签中添加 onload 事件并调用 drawClock()方法，表示页面一旦加载完毕就开始绘图。修改后的 HTML5 代码片段如下：

```
<body onload="drawClock()">
    <h3>手绘时钟</h3>
    <hr />
    <canvas id="clockCanvas" width="300" height="300" style="border:1px
    solid">
        对不起，您的浏览器不支持HTML5画布API。
    </canvas>
</body>
```

此时页面效果如图 5-3 所示。

接下来用同样的思路绘制 60 条短一些的刻度，用于表示分钟和秒。相邻的两个刻度之间应该间隔 6°，换算成弧度单位为 π/30。因此可以使用 for 循环语句循环 60 次，同样从初始设置的水平向上方位开始绘制第一条刻度，然后每绘制一条刻度再使用 rotate()方法顺时针旋转 6° 即可绘制下一条刻度。相关 JavaScript 代码如下：

```html
<script>
    … (代码略)

    //绘制时钟
    function drawClock() {
        … (代码略)

        /*画12个小时的刻度*/
        … (代码略)

        /*画60分钟对应的刻度*/
        ctx.lineWidth = 5;
        for ( i = 0; i < 60; i++) {
            ctx.beginPath();
            ctx.moveTo(118, 0);
            ctx.lineTo(120, 0);
            ctx.stroke();
            ctx.rotate(Math.PI / 30);
        }
    }
</script>
```

这里绘制了两像素长的小线段作为分钟和秒的刻度，由距离画布中心 118 像素的位置开始，绘制到离中心 120 像素的位置结束。同样是由于绘制完一圈 60 个刻度等于是旋转 360° 还原了，后续的绘制不会受到这段代码中的 rotate()的影响导致错位发生，因此无须使用 save()和 restore()方法来恢复绘图设置。

此时页面效果如图 5-4 所示。

图 5-3　在画布上绘制小时刻度

图 5-4　在画布上绘制分钟刻度

由图 5-4 可见，时钟的刻度绘制目前已全部完成。事实上这里的小时刻度与同一个位置上的分钟刻度绘制了两次，由于重叠在一起又是相同的颜色所以不受影响。如果要设置成其他颜色样式，可以在绘制分钟刻度时加一个判断：只要是每 5 个刻度（即 5 的倍数）则不进行绘制，以免与小时刻度有冲突。接下来将展示如何绘制时钟的时、分、秒指针。

3．绘制时钟指针

在绘制时钟的指针之前需要在 drawClock()函数中使用 JavaScript 中的 Date 对象获取当前的时间。相关 JavaScript 代码如下：

```
<script>
    …（代码略）

    //绘制时钟
    function drawClock() {
        …（代码略）

        /*画60分钟对应的刻度*/
        …（代码略）

        /*获取当前时间*/
        var now = new Date();
        //获取当前第几秒
        var s = now.getSeconds();
        //获取当前第几分钟
        var m = now.getMinutes();
        //获取当前是几小时（24小时制）
        var h = now.getHours();
        //将小时换算成12小时制的数值
        if (h > 12)  h -= 12;
    }
</script>
```

时钟是 12 小时的显示样式，因为在获取结束后加了一个 if 条件判断将当前的时间转换为 12 小时制。

获取到当前时间就可以正式开始绘制指针了。首先绘制时针，以 12 点方向的刻度为参照，当前时针所指旋转的角度为：

```
时针的角度 = 360/12 ×小时 + 360/12/60 ×分钟+ 360/12/60/60 × 秒
```

换算成弧度后如下：

```
时针的弧度 = π/6 ×小时+ π/360 ×分钟+ π/21600 ×秒
```

因此首先根据公式计算时针的角度，然后进行绘制。相关 JavaScript 代码如下：

```
<script>
    …（代码略）

    //绘制时钟
    function drawClock() {
        …（代码略）
```

```
    /*获取当前时间*/
    …（代码略）

    /*绘制时针*/
    //保存当前绘图状态
    ctx.save();
    //旋转角度
    ctx.rotate(h*(Math.PI/6)+(Math.PI/360)*m+(Math.PI/21600) * s);
    //设置时针样式
    ctx.lineWidth = 12;
    //开始绘制时针路径
    ctx.beginPath();
    ctx.moveTo(-20, 0);
    ctx.lineTo(80, 0);
    //描边路径
    ctx.stroke();
    //恢复之前的绘图样式
    ctx.restore();
    }
</script>
```

这里首先保存了绘图状态，因为时针需要单独旋转一个角度，后续还得恢复回来。首先根据公式计算出当前时针的角度，然后开始进行绘制。时针长度为 100 像素，由距离画布中心–20 像素的位置开始，绘制到离中心 80 像素的位置结束。最后使用 restore() 方法来恢复之前的绘图设置。

此时页面效果如图 5-5 所示。

分针绘制同样需要先计算分钟的偏移角度。以 12 点的方向为参照，当前分针所指旋转的角度为：

图 5-5　在画布上绘制时针

分针的角度 = 360/60 ×分钟+ 360/60/60 × 秒

换算成弧度后如下：

分针的弧度 = π/30 ×分钟+ π/1800 ×秒

分针的绘制方式与时针完全一样，相关 JavaScript 代码如下：

```
<script>
    …（代码略）

    //绘制时钟
    function drawClock() {
        …（代码略）

        /*绘制时针*/
        …（代码略）

        /*绘制分针*/
        //保存当前绘图状态
        ctx.save();
```

```
        //旋转角度
        ctx.rotate((Math.PI / 30) * m + (Math.PI / 1800) * s);
        //设置分针样式
        ctx.lineWidth = 8;
        //开始绘制分针路径
        ctx.beginPath();
        ctx.moveTo(-20, 0);
        ctx.lineTo(112, 0);
        //描边路径
        ctx.stroke();
        //恢复之前的绘图样式
        ctx.restore();
    }
</script>
```

这里同样需要首先保存绘图状态，然后根据公式计算出当前分针的角度并进行绘制。分针长度为 132 像素，由距离画布中心 -20 像素的位置开始，绘制到离中心 112 像素的位置结束。最后使用 restore()方法来恢复之前的绘图设置。

此时页面效果如图 5-6 所示。

最后绘制秒针，同样以 12 点的方向为参照，当前秒针所指旋转的角度为：

分针的角度 = 360/60 × 秒

换算成弧度后如下：

分针的弧度 = π/30 ×秒

图 5-6　在画布上绘制分针

绘制秒针的相关 JavaScript 代码如下：

```
<script>
    …（代码略）

    //绘制时钟
    function drawClock() {
        …（代码略）

        /*绘制分针*/
        …（代码略）

        /*绘制秒针*/
        //保存当前绘图状态
        ctx.save();
        //设置当前旋转的角度
        ctx.rotate(s * Math.PI / 30);
        //设置描边颜色为红色
        ctx.strokeStyle = "red";
        //设置线条粗细为6像素
        ctx.lineWidth = 6;
        //开始绘制秒针路径
        ctx.beginPath();
        ctx.moveTo(-30, 0);
        ctx.lineTo(120, 0);
```

```
        //描边路径
        ctx.stroke();
        //设置填充颜色为红色
        ctx.fillStyle = "red";
        //绘制画布中心的圆点
        ctx.beginPath();
        ctx.arc(0, 0, 10, 0, Math.PI * 2, true);
        //填充圆点为红色
        ctx.fill();
        //恢复之前的绘图样式
        ctx.restore();
    }
</script>
```

这里同样需要首先保存绘图状态，然后根据公式计算出当前秒针的角度并进行绘制。秒针长度为 150 像素，由距离画布中心 -30 像素的位置开始，绘制到离中心 120 像素的位置结束。为了区别将绘制秒针的画笔粗细减少至 6 像素，并将颜色更换为红色。同时在画布中心绘制一个半径为 10 像素的实心圆作为固定点。最后使用 restore()方法来恢复之前的绘图设置。

此时页面效果如图 5-7 所示。

由图 5-7 可见，当前时钟的所有刻度和指针均已经完成。接下来为界面设计最后一部分内容，介绍如何绘制时钟的表盘。

图 5-7　在画布上绘制秒针

4．绘制时钟表盘

表盘的绘制比之前刻度和指针的绘制相对简单，只需要以画布中心为圆点绘制一个空心圆即可。相关 JavaScript 代码如下：

```
<script>
    …（代码略）

    //绘制时钟
    function drawClock() {
        …（代码略）

        /*绘制秒针*/
        …（代码略）

        /*绘制表盘*/
        //设置样式
        ctx.lineWidth = 12;
        ctx.strokeStyle = "gray";
        //开始绘制表盘路径
        ctx.beginPath();
        ctx.arc(0, 0, 140, 0, Math.PI * 2, true);
        //描边路径
        ctx.stroke();
        //恢复最开始的绘图状态
        ctx.restore();
    }
</script>
```

首先将画笔粗细设置为 12 像素，并设置描边颜色为灰色，然后绘制半径为 140 像素的空心圆。这里由于最开始使用了 translate()方法将参照点从默认的原点(0,0)移动到了画布中心坐标(150,150)，因此绘制圆弧时的坐标填写的是(0,0)。

　　此时页面效果如图 5-8 所示。

　　由图 5-8 可见，界面设计已经全部完成。但是当前只是一个静态的画面效果，秒针不会随着时间的变化进行移动。下一节将介绍如何绘制指针的动态效果。

5.1.2　实时更新效果

　　本节主要介绍如何实现时钟指针的实时更新效果，可以在 JavaScript 中添加 setInterval()方法设置刷新画面的时间。代码如下：

```
setInterval("drawClock()", 1000);
```

　　上述代码表示每 1000 毫秒重新调用一次 drawClock()方法进行整个画布的绘制，其中1000 毫秒等于 1 秒。

　　由于画布的绘制原理是每次新绘制的内容会重叠在上方，此时的运行效果如图 5-9 所示。

图 5-8　在画布上绘制表盘　　　　　　图 5-9　未清空画布的错误效果

　　因此需要在 drawClock()方法的开始部分添加 clearRect()方法用于清空画布原先的所有内容。相关代码修改后如下：

```
<script>
    …（代码略）

    //绘制时钟
    function drawClock() {
        //保存画布的初始绘制状态
        ctx.save();
        //清空画布
        ctx.clearRect(0, 0, 300, 300);

        /*设置画笔样式和位置*/
```

```
        …（代码略）
    }
</script>
```

重新运行则动态效果可以正常显示，如图 5-10 所示。

图 5-10　时钟指针的动态效果

　　由图 5-10 可见，时钟的指针已经可以正常运行，同样分针和时针也会根据实际时间实时更新。至此，本例题已全部完成。

5.1.3　完整代码展示

　　完整的 HTML5 代码如下：

```
1.    <!DOCTYPE HTML>
2.    <html>
3.      <head>
4.          <meta charset="utf-8">
5.          <title>手绘时钟</title>
6.      </head>
7.      <body onload="drawClock()">
8.          <h3>手绘时钟</h3>
9.          <hr />
10.         <canvas id="clockCanvas" width="300" height="300" style=
            "border:1px solid">
11.             对不起，您的浏览器不支持HTML5画布API。
12.         </canvas>
13.         <script>
14.             //根据id找到指定的画布
15.             var c = document.getElementById("clockCanvas");
16.             //创建2D的context对象
17.             var ctx = c.getContext("2d");
18.             //绘制时钟
19.             function drawClock() {
20.                 //保存画布的初始绘制状态
21.                 ctx.save();
```

```
22.          //清空画布
23.          ctx.clearRect(0, 0, 300, 300);
24.

25.          /*设置画笔样式和位置*/
26.          //设置画布中心为参照点
27.          ctx.translate(150, 150);
28.          //以画布中心为参照点逆时针旋转90°
29.          ctx.rotate(-Math.PI / 2);
30.          //设置画笔线条宽度为6像素
31.          ctx.lineWidth = 6;
32.          //设置画笔线条的末端为圆形
33.          ctx.lineCap = "round";
34.

35.          /*画12个小时的刻度*/
36.          //循环12次,每次绘制一条刻度
37.          for (var i = 0; i < 12; i++) {
38.              ctx.beginPath();
39.              //每次顺时针旋转60°
40.              ctx.rotate(Math.PI / 6);
41.              //绘制刻度线段的路径
42.              ctx.moveTo(100, 0);
43.              ctx.lineTo(120, 0);
44.              //描边路径
45.              ctx.stroke();
46.          }
47.

48.          /*画60分钟对应的刻度*/
49.          ctx.lineWidth = 5;
50.          for ( i = 0; i < 60; i++) {
51.              ctx.beginPath();
52.              ctx.moveTo(118, 0);
53.              ctx.lineTo(120, 0);
54.              ctx.stroke();
55.              ctx.rotate(Math.PI / 30);
56.          }
57.

58.          /*获取当前的时间*/
59.          //获取当前时间
60.          var now = new Date();
61.          //获取当前第几秒
62.          var s = now.getSeconds();
63.          //获取当前第几分钟
64.          var m = now.getMinutes();
65.          //获取当前是几小时（24小时制）
66.          var h = now.getHours();
67.          //将小时换算成12小时制的数值
68.          if (h > 12)
69.              h -= 12;
70.

71.          /*绘制时针*/
72.          //保存当前绘图状态
73.          ctx.save();
74.          //旋转角度
75.          ctx.rotate(h * (Math.PI / 6) + (Math.PI / 360) * m + (Math.PI
              /21600) * s);
76.          //设置时针样式
```

```
77.        ctx.lineWidth = 12;
78.        //开始绘制时针路径
79.        ctx.beginPath();
80.        ctx.moveTo(-20, 0);
81.        ctx.lineTo(80, 0);
82.        //描边路径
83.        ctx.stroke();
84.        //恢复之前的绘图样式
85.        ctx.restore();
86.
87.        /*绘制分针*/
88.        //保存当前绘图状态
89.        ctx.save();
90.        //旋转角度
91.        ctx.rotate((Math.PI / 30) * m + (Math.PI / 1800) * s);
92.        //设置分针样式
93.        ctx.lineWidth = 8;
94.        //开始绘制分针路径
95.        ctx.beginPath();
96.        ctx.moveTo(-20, 0);
97.        ctx.lineTo(112, 0);
98.        //描边路径
99.        ctx.stroke();
100.       //恢复之前的绘图样式
101.       ctx.restore();
102.
103.       /*绘制秒针*/
104.       //保存当前绘图状态
105.       ctx.save();
106.       //设置当前旋转的角度
107.       ctx.rotate(s * Math.PI / 30);
108.       //设置描边颜色为红色
109.       ctx.strokeStyle = "red";
110.       //设置线条粗细为6像素
111.       ctx.lineWidth = 6;
112.       ctx.beginPath();
113.       ctx.moveTo(-30, 0);
114.       ctx.lineTo(120, 0);
115.       ctx.stroke();
116.       //设置填充颜色为红色
117.       ctx.fillStyle = "red";
118.       //绘制画布中心的圆点
119.       ctx.beginPath();
120.       ctx.arc(0, 0, 10, 0, Math.PI * 2, true);
121.       //填充圆点为红色
122.       ctx.fill();
123.       //恢复之前的绘图样式
124.       ctx.restore();
125.
126.       /*绘制表盘*/
127.       //设置样式
128.       ctx.lineWidth = 12;
129.       ctx.strokeStyle = "gray";
130.       //开始绘制表盘路径
131.       ctx.beginPath();
132.       ctx.arc(0, 0, 140, 0, Math.PI * 2, true);
```

```
133.              //描边路径
134.              ctx.stroke();
135.              //恢复最开始的绘图状态
136.              ctx.restore();
137.          }
138.          setInterval("drawClock()", 1000);
139.      </script>
140.  </body>
141. </html>
```

5.2   拼图游戏的设计与实现

【例5-2】 拼图游戏的设计与实现

功能要求：使用 HTML5 画布技术制作一款拼图小游戏，要求将图像划分为 3×3 共 9 块方块并打乱排序，用户可以移动方块拼成完整图片。效果如图 5-11 所示。

图 5-11   在页面上创建画布

5.2.1   界面设计

本节主要介绍拼图游戏的页面布局设计，包括整体布局设计和游戏布局设计两个方面。

1. 整体布局设计

首先直接使用一个区域元素<div>在页面背景上创建游戏界面，在其内部添加标题、水平线并预留游戏空间。相关 HTML5 代码片段如下：

```
<body>
    <div id="container">
```

```
        <!--页面标题-->
        <h3>HTML5画布综合项目之拼图游戏</h3>
        <!--水平线-->
        <hr />
        <!--游戏内容-->
    </div>
</body>
```

该段代码为<div>元素定义了 id="container"，以便可以使用 CSS 的 ID 选择器进行样式设置。

本例使用 CSS 外部样式表规定页面样式。在本地 css 文件夹中创建 pintu.css 文件，并在<head>首尾标签中声明对 CSS 文件的引用。相关 HTML5 代码片段如下：

```
<head>
    <meta charset="utf-8">
    <title>HTML5画布综合项目之拼图游戏</title>
    <link rel="stylesheet" href="css/pintu.css">
</head>
```

在 CSS 文件中为 id="container"的<div>标签设置样式，具体样式要求如下。

- 颜色：背景颜色为白色；
- 尺寸：宽度为 600 像素；
- 边距：各边的内边距为 20 像素，各边的外边距定义为 auto，以便可以居中显示；
- 文本：居中显示，采用默认字体；
- 特殊：使用 CSS3 技术为其定义边框阴影效果，在其右下角有黑色投影。

相关 CSS 代码片段如下：

```
/*设置游戏界面样式*/
#container {
    background-color: white;
    width: 600px;
    margin: auto;
    padding: 20px;
    text-align: center;
    box-shadow: 10px 10px 15px black;
}
```

其中 box-shadow 属性可以实现边框投影效果，4 个参数分别代表水平方向的偏移（向右偏移 10 像素）、垂直方向的偏移（向下偏移 10 像素）、阴影宽度（15 像素）和阴影颜色（黑色），均可自定义成其他值。该属性是 CSS3 新特性中的一种，在这里仅为美化页面做简单使用。

由于网页的背景颜色默认为白色，与<div>元素设置的背景颜色相同。为了区分，将网页的背景颜色设置为银色。

相关 CSS 代码片段如下：

```
body {
    background-color: silver;/*设置页面的背景颜色为银色*/
}
```

此时页面效果如图 5-12 所示。

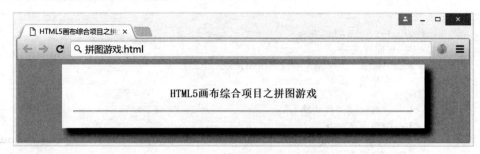

图 5-12　在页面上创建游戏界面

由图 5-12 可见，关于<div>标签的样式要求已初步实现。目前尚未在<div>首尾标签之间填充游戏相关内容，因此在网页上浏览没有完整效果，需等待后续补充。接下来将介绍如何进行游戏内容的布局设计。

2．游戏布局设计

下面主要介绍如何在页面上创建完整的游戏内容，包括游戏计时、游戏画布和"重新开始"按钮 3 个部分。

首先在<div>元素的预留区域添加一个 id="timeBox"的<div>元素，用于显示游戏计时。在其中先初始化总时间为 00:00:00，并将时间文本嵌套在一个 id="time"的<span>元素中，以便后续可以使用 JavaScript 代码动态变更时间内容。相关 HTML5 代码片段如下：

```
<body>
        <div id="container">
          <!--页面标题-->
            <h3>HTML5画布综合项目之拼图游戏</h3>
          <!--水平线-->
            <hr />
          <!--游戏时间-->
          <div id="timeBox">
                共计时间：<span id="time">00:00:00</span>
            </div>
        </div>
</body>
```

其中<div>和<span>标签的 id 名称均可以根据实际情况进行自定义。

在 CSS 文件中为 id="timeBox"的<div>进行样式设置。

- 边距：上、下外边距为 10 像素，左、右外边距为 0 像素；
- 字体：字体大小为 18 像素，采用默认字体风格。

相关 CSS 代码片段如下：

```
/*设置游戏时间面板样式*/
#timeBox {
    margin: 10px 0;
    font-size: 18px;
}
```

接下来使用<canvas>标签制作游戏画布，初始设置其宽度和高度均为 300 像素，并使用行内样式表设置该画布带有 1 像素宽的实线边框效果。相关 HTML5 代码片段如下：

```html
<body>
      <div id="container">
       <!--页面标题-->
         <h3>HTML5画布综合项目之拼图游戏</h3>
       <!--水平线-->
         <hr />
       <!--游戏时间（代码略）-->
       <!--游戏画布-->
         <canvas id="myCanvas" width="300" height="300" style="border:
         1px solid">
               对不起，您的浏览器不支持HTML5画布API。
         </canvas>
      </div>
</body>
```

为画布标签<canvas>设置 id="myCanvas"，后续在 JavaScript 中可以进行绘制工作。
最后使用<button>标签制作"重新开始"按钮。相关 HTML5 代码片段如下：

```html
<body>
      <div id="container">
         <!--页面标题-->
         <h3>HTML5画布综合项目之拼图游戏</h3>
         <!--水平线-->
         <hr />
         <!--游戏时间（代码略）-->
         <!--游戏画布（代码略）-->
         <!--游戏按钮-->
         <div>
             <button>重新开始</button>
         </div>
      </div>
</body>
```

当前该按钮仅用于布局设计，单击后暂无响应事件。后续会在 JavaScript 中为其增加
回调函数。

在 CSS 文件中为按钮标签<button>进行样式设置。

- 尺寸：宽度为 200 像素、高度为 50 像素；
- 边距：上、下外边距为 10 像素，左、右外边距为 0 像素；
- 边框：无边框效果；
- 字体：字体大小为 25 像素，加粗显示；
- 颜色：字体颜色为白色，背景颜色为浅珊瑚红色（lightcoral）。

相关 CSS 代码片段如下：

```css
/*设置游戏按钮样式*/
button {
    width: 200px;
    height: 50px;
    margin: 10px 0;
    border: 0;
    outline: none;
```

```
    font-size: 25px;
    font-weight: bold;
    color: white;
    background-color: lightcoral;
}
```

用户还可以为<button>标签设置鼠标悬浮时的样式效果，在 CSS 样式表中用
button:hover 表示。本例将该效果设置为按钮背景颜色的改变，换成颜色加深的珊瑚红色
（coral）。

相关 CSS 代码片段如下：

```
/*设置鼠标悬浮时的按钮样式*/
button:hover {
    background-color: coral;
}
```

此时整个样式设计就全部完成了，其页面效果如图 5-13 所示。

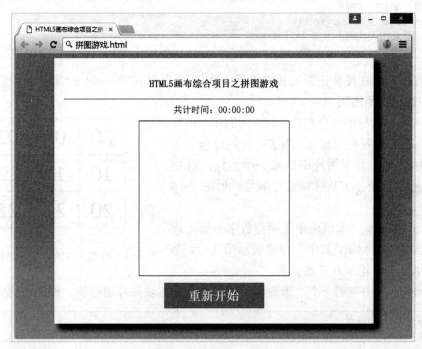

图 5-13　拼图游戏的页面布局样式效果图

由图 5-13 可见，关于拼图游戏的布局和样式要求已初步实现。目前尚未实现游戏逻辑，
该内容将在下一节介绍。

5.2.2　实现游戏逻辑

本节主要介绍如何实现游戏逻辑，包括以下内容：
- 声明画布对象和加载图片素材；
- 将图片素材分割并打乱排序；
- 实现鼠标单击移动拼图方块；

● 实现游戏计时功能。

1. 准备工作

首先获取画布和 2D 的 context 对象，以便可以进行画布的绘制工作。本例采用了内部 JS 代码，相关 JavaScript 代码如下：

```
//获取画布对象
var c = document.getElementById('myCanvas');
//获取2D的context对象
var ctx = c.getContext('2d');
```

接下来加载拼图所需的素材图片。当前使用的图片来源于本地 image 文件夹中的 pintu.jpg。相关 JavaScript 代码如下：

```
//声明拼图的图片素材来源
var img = new Image();
img.src = "image/pintu.jpg";
//当图片加载完毕时
img.onload = function() {
    //游戏相关代码
}
```

为了保证游戏在图片正常加载完毕后才执行，需要将其写在 onload 事件的回调函数中。

2. 初始化拼图画面

本例需要将素材图片分割成 3 行 3 列的 9 个小方块，并打乱顺序放置在画布上。为了在游戏过程中便于查找当前区域该显示图片中的哪一个方块，首先为原图片上的 9 个小方块区域进行编号，如图 5-14 所示。

由图 5-14 可见，本例采用了两位数字为原图片素材上的方块进行标识，其中十位数表示第几行，个位数表示第几列，均从 0 开始计数。

00	01	02
10	11	12
20	21	22

图 5-14   拼图游戏的界面布局样式效果图

在 JavaScript 中声明一个二维数组用于记录这些方块图片的标识。相关代码如下：

```
//定义初始方块位置
var num = [[00, 01, 02], [10, 11, 12], [20, 21, 22]];
```

每 3 个元素为一组表示其中一行的方块标识。其中，二维数组的下标表示画布上的行与列，二维数组的数值代表原始图片上的切割位置，同样都是从 0 开始计数的。

在初始情况下尚未打乱拼图方块，因此当前该二维数组对应的标识为最后所有拼图都处于正确位置时的效果。例如 num[0][0]指的是画布上第一行第一个方块的位置，其对应的值当前是 00，表示该位置的方块图片是从素材图片上第一行第一个方块的位置切割下来的。

在 JavaScript 中声明自定义名称的 generateNum()方法用于打乱拼图顺序。思路是在这 9 个数值中随机抽取两个数据，然后对调它们的位置。在进行足够多次数的对调后基本可以实现随机打乱的效果。

JavaScript 中 generateNum()方法的完整代码如下：

```
//打乱拼图的位置
function generateNum() {
    //循环50次进行拼图的打乱
    for (var i = 0; i < 50; i++) {
        //随机抽取其中一个数据
        var i1 = Math.round(Math.random() * 2);
        var j1 = Math.round(Math.random() * 2);
        //再随机抽取其中一个数据
        var i2 = Math.round(Math.random() * 2);
        var j2 = Math.round(Math.random() * 2);
        //对调它们的位置
        var temp = num[i1][j1];
        num[i1][j1] = num[i2][j2];
        num[i2][j2] = temp;
    }
}
```

当前使用 for 循环进行了 50 次打乱效果，可以根据实际情况更改循环次数。每次使用
Math.random()方法随机产生两个数值的下标，然后对其进行处理，使得最终的随机结果必
须在[0,2]区间，接着将二维数组中的这两个位置上的值进行交换。

在 JavaScript 中声明自定义名称的 drawCanvas()方法用于在画布上绘制打乱顺序后的
图片。使用本章介绍的 drawImage()方法对图片进行切割，并放置在画布的指定位置上。相
关 JavaScript 代码如下：

```
//定义拼图小方块的边长
var w = 100;
//绘制拼图
function drawCanvas() {
    //清空画布
    ctx.clearRect(0, 0, 300, 300);
    //使用双重for循环绘制3×3的拼图
    for (var i = 0; i < 3; i++) {
        for(var j = 0; j < 3; j++) {
            if (num[i][j] != 22) {
                //获取数值的十位数，即第几行
                var row = parseInt(num[i][j] / 10);
                //获取数组的个位数，即第几列
                var col = num[i][j] % 10;
                //在画布的相关位置上绘图
                ctx.drawImage(img,col*w,row*w,w,w,j*w,i*w,w,w);
            }
        }
    }
}
```

上述代码首先定义了切割后小方块的边长为 100 像素，在后面多处会用到。接着使用
clearRect()方法清空画布，以免有重叠现象。然后使用双重 for 循环绘制 3×3 的拼图，其
中 i 表示行、j 表示列。遍历二维数组 num，然后根据当前位置上数值的十位数和个位数分
析该切割原素材图片上的区域。为了保留一个空白区域用于移动图片，对数值为 22 的所在
区域不绘制图片。

其中 drawImage()方法中的参数 1 表示需要切割的图片素材；参数 2 和 3 表示的是切割

的起始点位置坐标；参数 4 和 5 表示的是切割的小方块的宽度和高度，这里均为 *w*；参数 6 和 7 表示的是在画布绘制的起始位置坐标；参数 8 和 9 指的是切割下来的图片在画布中缩放的宽度和高度。这里由于素材图片和画布均为 300 像素的宽高，所以仍然为 *w*，表示原图大小。

将 generateNum()和 drawCanvas()方法添加到图片 img 的 onload 事件回调函数中即可实现拼图画面。相关 JavaScript 代码如下：

```
//当图片加载完毕时
img.onload = function() {
    //打乱拼图的位置
    generateNum();
    //在画布上绘制拼图
    drawCanvas();
}
```

运行效果如图 5-15 所示。

图 5-15 拼图游戏的初始画面

由图 5-15 可见，拼图游戏的初始画面已经初步实现。由于每次开局的拼图方块的顺序为随机打乱，所以运行时可能会产生和截图不一样的效果。

3. 通过鼠标单击移动拼图

游戏的规则是使用鼠标单击的方式来移动拼图方块。当鼠标单击了需要移动的方块时，如果该方块相邻的地方存在空白区域，则该方块移动到空白区域的位置。如果鼠标直接单击了画布中的空白区域或单击的区域已经超出了画布范围则无效。

首先为画布对象声明鼠标单击事件 onmousedown 的回调函数，一旦单击了鼠标，则立刻获取鼠标在画布上的坐标。相关 JavaScript 代码片段如下：

```
//监听鼠标单击事件
```

```
c.onmousedown = function(e) {
    //获取画布边界
    var bound = c.getBoundingClientRect();
    //获取鼠标在画布上的坐标位置(x,y)
    var x = e.pageX - bound.left;
    var y = e.pageY - bound.top;

    //将x和y换算成几行几列
    var row = parseInt(y / w);
    var col = parseInt(x / w);
}
```

由于直接使用 e.pageX 和 e.pageY 获取到的鼠标单击坐标是相对于整个页面左上角的位置坐标，所以还得用 getBoundingClientRect()方法获取画布的边界，然后换算成画布上的相对坐标位置(x,y)。此时只需要将坐标除以拼图小方块的边长 w 即可换算出鼠标单击的是第几行第几列的拼图方块。

由于只对画布做了鼠标单击事件的监听，因此只需要考虑当前单击的是否为画布上的空白区域，无须关注鼠标是否单击了画布以外的范围。对鼠标单击事件 onmousedown 的回调函数做进一步代码补充，相关 JavaScript 代码片段如下：

```
//监听鼠标单击事件
c.onmousedown = function(e) {
    //获取画布边界（代码略）
    //获取鼠标在画布上的坐标位置(x,y) （代码略）
    //将x和y换算成几行几列（代码略）

    //如果当前单击的不是空白区域
    if (num[row][col] != 22) {
        //移动单击的方块
        detectBox(row, col);
        //重新绘制画布
        drawCanvas();
    }
}
```

在这里使用 if 语句判断了单击的位置是否为空白区域，如果不是则尝试移动当前方块，并重新绘制画布内容。这里先自定义了一个函数 detectBox()用于检测是否可以移动当前方块，如果可以则进行数据的对调，后面将补充该函数内容。detectBox()执行完毕后调用之前的 drawCanvas()方法重新绘制画布内容。

在 JavaScript 中声明 detectBox()方法用于检测是否可以移动当前图片。使用参数 i 和 j 分别传递当前鼠标单击所在画布的行与列。对当前单击的位置分别判断上、下、左、右 4 个方位的相邻位置是否存在空白区域，如果存在则移动到空白区域。

JavaScript 中 detectBox()方法的完整代码如下：

```
//移动单击的方块
function detectBox(i, j) {
    //如果单击的方块不在最上面一行
    if (i > 0) {
        //检测空白区域是否在当前方块的正上方
        if (num[i-1][j] == 22) {
```

```
                    //交换空白区域与当前方块的位置
                    num[i-1][j] = num[i][j];
                    num[i][j] = 22;
                    return;
                }
            }
            //如果单击的方块不在最下面一行
            if (i < 2) {
                //检测空白区域是否在当前方块的正下方
                if (num[i+1][j] == 22) {
                    //交换空白区域与当前方块的位置
                    num[i+1][j] = num[i][j];
                    num[i][j] = 22;
                    return;
                }
            }
            //如果单击的方块不在最左边一列
            if (j > 0) {
                //检测空白区域是否在当前方块的左边
                if (num[i][j - 1] == 22) {
                    //交换空白区域与当前方块的位置
                    num[i][j - 1] = num[i][j];
                    num[i][j] = 22;
                    return;
                }
            }
            //如果单击的方块不在最右边一列
            if (j < 2) {
                //检测空白区域是否在当前方块的右边
                if (num[i][j + 1] == 22) {
                    //交换空白区域与当前方块的位置
                    num[i][j + 1] = num[i][j];
                    num[i][j] = 22;
                    return;
                }
            }
        }
    }
```

其中需要注意当方块分别位于上、下、左、右的边界位置时仅需要判断另外 3 个方向的相邻位置上是否有空白区域存在。

运行效果如图 5-16 所示。

（a）拼图移动前的效果图

（b）拼图移动后的效果图

图 5-16　拼图游戏的游戏过程画面

由图 5-16 可见，已实现单击鼠标进行拼图移动的游戏效果。接下来将介绍如何实现游戏的计时功能。

4. 游戏计时功能的实现

在 JavaScript 中声明自定义函数 getCurrentTime()用于进行游戏计时。当开始游戏时，计时功能自动开启并每秒执行一次该函数，将秒数增加 1。

JavaScript 中 getCurrentTime()方法的完整代码如下：

```
//获取游戏计时文本区域对象
var time = document.getElementById("time");
//初始化计时器的时、分、秒
var h = 0,m = 0,s = 0;

function getCurrentTime() {
    //将时、分、秒转换为整数以便进行自增或赋值
    s = parseInt(s);
    m = parseInt(m);
    h = parseInt(h);

    //每秒变量s先自增1
    s++;
    if (s == 60) {
        //如果秒已经达到60，则归0
        s = 0;
        //分钟自增1
        m++;
    }
    if (m == 60) {
        //如果分钟也达到60，则归0
        m = 0;
        //小时自增1
        h++;
    }

    //修改时、分、秒的显示效果，使其保持两位数
    if (s < 10)
        s = "0" + s;
    if (m < 10)
        m = "0" + m;
    if (h < 10)
        h = "0" + h;
    //将当前计时的时间显示在页面上
    time.innerHTML = h + ":" + m + ":" + s;
}
```

首先初始化当前计时的时、分、秒均为 0，然后使用 parseInt()方法将其转换为数值以便进行计算和赋值。计时的思路是每次执行该函数方法首先将秒数自增 1，然后判断当前秒数是否已达到了 60，如果是则归 0，并将分钟自增 1。以此类推，直到小时被增加。最后将文字内容处理后显示在游戏界面的计时区域。

此时还不能进行自动计时，需要在 JavaScript 中使用 setInterval()方法每隔 1 秒钟调用

getCurrentTime()方法一次，以实现更新效果。写法如下：

```
//每隔1000毫秒（1秒）刷新一次时间
var timer = setInterval("getCurrentTime()", 1000);
```

这里使用了自定义名称的变量 timer 保存当前的计时器，以便可以在指定的时间使用
clearInterval(timer)方法停止该计时器。

运行效果如图 5-17 所示。

图 5-17　拼图游戏的游戏计时功能

由图 5-17 可见，当前计时功能已实现。每当刷新当前页面，计时都会伴随游戏一起重
新开始。

5.2.3　游戏成功与重新开始

本节主要介绍如何判定游戏结束，包括以下内容：

- 游戏成功的判定与显示效果的实现；
- 重新开始功能的实现。

1. 游戏成功的判定与显示效果的实现

在 JavaScript 中声明自定义函数 checkWin()用于进行游戏成功的判断。使用双重 for 循
环遍历所有方块，对比方块的标记值和位置是否能对应。当游戏成功时，应该所有方块的
行和列对应其数值中的十位数和个位数。

JavaScript 中 checkWin()函数的相关代码如下：

```
//胜利的判断
function checkWin() {
```

```
//使用双重for循环遍历整个数组
for (var i = 0; i < 3; i++) {
    for (var j = 0; j < 3; j++) {
        //如果有其中一块方块的位置不对
        if (num[i][j] != i * 10 + j) {
            //返回假
            return false;
        }
    }
}
//返回真
return true;
}
```

checkWin()函数会根据判断结果返回一个布尔值。如果所有拼图方块的位置正确,返回真(true),否则返回假(false)。

将 checkWin()函数使用到鼠标单击事件的监听回调函数中。相关代码片段修改后如下:

```
//监听鼠标单击事件
c.onmousedown = function(e) {
    //获取画布边界(代码略)
    //获取鼠标在画布上的坐标位置(x,y)(代码略)
    //将x和y换算成几行几列(代码略)

    //如果当前单击的不是空白区域
    if (num[row][col] != 22) {
        //移动单击的方块(代码略)
        //重新绘制画布(代码略)

        //检查游戏是否成功
        var isWin = checkWin();
        //如果游戏成功
        if (isWin) {
            //清除计时器
            clearInterval(timer);
            //绘制完整图片
            ctx.drawImage(img, 0, 0);
            //设置字体为serif,加粗、68号字
            ctx.font = "bold 68px serif";
            //设置填充颜色为红色
            ctx.fillStyle = "red";
            //显示提示语句
            ctx.fillText("游戏成功! ", 20, 150);
        }
    }
}
```

每次重新绘制画布后调用 checkWin()方法检查游戏是否已成功,如果成功则使用 clearInterval()方法清除计时器。然后在画布上绘制完整图片,并使用 fillText()方法绘制出 "游戏成功"的字样。

运行效果如图 5-18 所示。

图 5-18 拼图游戏成功的判断

2.重新开始功能的实现

为"重新开始"按钮提供单击事件 onclick="restartGame()",其中 restartGame()方法名称可自定义,该函数需要在 JavaScript 中声明。

"重新开始"按钮添加单击事件后的相关 HTML5 代码片段如下:

```
<button onclick="restartGame()">重新开始</button>
```

在 JavaScript 中声明 restartGame()方法,用于重新开始游戏,包括计时器重启、重新打乱拼图顺序和重新绘制画布内容 3 个部分。相关 JavaScript 代码片段如下:

```
//重新开始游戏
function restartGame() {
    //清除计时器
    clearInterval(timer);
    //时间清零
    s = 0;
    m = 0;
    h = 0;
    //重新显示时间
    getCurrentTime();
    timer = setInterval("getCurrentTime()", 1000);

    //重新打乱拼图顺序
    generateNum();
```

```
        //绘制拼图
        drawCanvas();

    }
```

　　其中重新打乱拼图顺序和重新绘制拼图均可分别调用之前已实现的函数 generateNum()
和 drawCanvas()。

　　运行效果如图 5-19 所示。

（a）游戏成功画面

（b）游戏重新开始画面

图 5-19　拼图游戏的重新开始功能

　　由图 5-19 可见，当游戏成功时单击"重新开始"按钮可以得到一个新的打乱顺序的拼
图布局，并且计时器也重新从 0 开始计时。至此，拼图游戏的全部功能均已实现。开发者
在使用时可以根据实际需要将该代码修改为 4×4 甚至分割更细的拼图样式。

5.2.4　完整代码展示

　　HTML5 完整代码如下：

```
1.    <!DOCTYPE HTML>
2.    <html>
3.       <head>
4.          <meta charset="utf-8">
5.          <title>HTML5画布综合项目之拼图游戏</title>
6.          <link rel="stylesheet" href="css/pintu.css">
7.          <script src="js/pintu.js"></script>
8.       </head>
9.       <body>
10.         <div id="container">
11.            <h3>HTML5画布综合项目之拼图游戏</h3>
12.            <hr />
13.            <div id="timeBox">
14.               共计时间: <span id="time">00:00:00</span>
15.            </div>
16.            <canvas id="myCanvas" width="300" height="300" style=
                "border:1px solid">
17.               对不起，您的浏览器不支持HTML5画布API。
```

```
18.                    </canvas>
19.                    <div>
20.                        <button onclick="restartGame()">
21.                            重新开始
22.                        </button>
23.                    </div>
24.            </div>
25.            <script>
26.                //获取画布对象
27.                var c = document.getElementById('myCanvas');
28.                //获取2D的context对象
29.                var ctx = c.getContext('2d');
30.
31.                //定义拼图小方块的边长
32.                var w = 100;
33.                //定义初始方块位置
34.                var num = [[00, 01, 02], [10, 11, 12], [20, 21, 22]];
35.
36.                //声明拼图的图片素材来源
37.                var img = new Image();
38.                img.src = "image/pintu.jpg";
39.                //当图片加载完毕时
40.                img.onload = function() {
41.                    //打乱拼图的位置
42.                    generateNum();
43.                    //在画布上绘制拼图
44.                    drawCanvas();
45.                }
46.
47.                //打乱拼图的位置
48.                function generateNum() {
49.                    for (var i = 0; i < 50; i++) {
50.                        var i1 = Math.round(Math.random() * 2);
51.                        var j1 = Math.round(Math.random() * 2);
52.                        var i2 = Math.round(Math.random() * 2);
53.                        var j2 = Math.round(Math.random() * 2);
54.                        var temp = num[i1][j1];
55.                        num[i1][j1] = num[i2][j2];
56.                        num[i2][j2] = temp;
57.                    }
58.                }
59.                //绘制拼图
60.                function drawCanvas() {
61.                    //清空画布
62.                    ctx.clearRect(0, 0, 300, 300);
63.                    //使用双重for循环绘制3×3的拼图
64.                    for (var i = 0; i < 3; i++) {
65.                        for (var j = 0; j < 3; j++) {
66.                            if (num[i][j] != 22) {
67.                                var row = parseInt(num[i][j] / 10);
68.                                var col = num[i][j] % 10;
69.                                ctx.drawImage(img, col * w, row * w,w,w, j *
                                   w, i * w, w, w);
70.                            }
71.                        }
72.                    }
73.                }
```

```
74.
75.                //监听鼠标单击事件
76.                c.onmousedown = function(e) {
77.                    //获取画布边界
78.                    var bound = c.getBoundingClientRect();
79.                    //获取鼠标在画布上的坐标位置(x,y)
80.                    var x = e.pageX - bound.left;
81.                    var y = e.pageY - bound.top;
82.
83.                    //将x和y换算成几行几列
84.                    var row = parseInt(y / 100);
85.                    var col = parseInt(x / 100);
86.
87.                    //如果当前单击的不是空白区域
88.                    if (num[row][col] != 22) {
89.                        //移动单击的方块
90.                        detectBox(row, col);
91.                        //重新绘制画布
92.                        drawCanvas();
93.                        //检查游戏是否成功
94.                        var isWin = checkWin();
95.                        //如果游戏成功
96.                        if (isWin) {
97.                            //清除计时器
98.                            clearInterval(timer);
99.                            //绘制完整图片
100.                           ctx.drawImage(img, 0, 0);
101.                           //设置字体为serif,加粗、68号字
102.                           ctx.font = "bold 68px serif";
103.                           //设置填充颜色为红色
104.                           ctx.fillStyle = "red";
105.                           //显示提示语句
106.                           ctx.fillText("游戏成功!", 20, 150);
107.                       }
108.                   }
109.               }
110.
111.               //移动单击的方块
112.               function detectBox(i, j) {
113.                   //如果单击的方块不在最上面一行
114.                   if (i > 0) {
115.                       //检测空白区域是否在当前方块的正上方
116.                       if (num[i-1][j] == 22) {
117.                           //交换空白区域与当前方块的位置
118.                           num[i-1][j] = num[i][j];
119.                           num[i][j] = 22;
120.                           return;
121.                       }
122.                   }
123.                   //如果单击的方块不在最下面一行
124.                   if (i < 2) {
125.                       //检测空白区域是否在当前方块的正下方
126.                       if (num[i+1][j] == 22) {
127.                           //交换空白区域与当前方块的位置
128.                           num[i+1][j] = num[i][j];
129.                           num[i][j] = 22;
```

```
130.                            return;
131.                       }
132.                   }
133.               //如果单击的方块不在最左边一列
134.               if (j > 0) {
135.                   //检测空白区域是否在当前方块的左边
136.                   if (num[i][j - 1] == 22) {
137.                       //交换空白区域与当前方块的位置
138.                       num[i][j - 1] = num[i][j];
139.                       num[i][j] = 22;
140.                       return;
141.                   }
142.               }
143.               //如果单击的方块不在最右边一列
144.               if (j < 2) {
145.                   //检测空白区域是否在当前方块的右边
146.                   if (num[i][j + 1] == 22) {
147.                       //交换空白区域与当前方块的位置
148.                       num[i][j + 1] = num[i][j];
149.                       num[i][j] = 22;
150.                       return;
151.                   }
152.               }
153.           }
154.
155.       //胜利的判断
156.       function checkWin() {
157.           //使用双重for循环遍历整个数组
158.           for (var i = 0; i < 3; i++) {
159.               for (var j = 0; j < 3; j++) {
160.                   //如果有其中一块方块的位置不对
161.                   if (num[i][j] != i * 10 + j) {
162.                       //返回假
163.                       return false;
164.                   }
165.               }
166.           }
167.           //返回真
168.           return true;
169.       }
170.
171.       var time = document.getElementById("time");
172.       //初始化计时器的时、分、秒
173.           var h = 0,
174.           m = 0,
175.           s = 0;
176.
177.       function getCurrentTime() {
178.           //将时、分、秒转换为整数以便进行自增或赋值
179.           s = parseInt(s);
180.           m = parseInt(m);
181.           h = parseInt(h);
182.
183.           //每秒变量s先自增1
184.           s++;
185.           if (s == 60) {
186.               //如果秒已经达到60，则归0
```

```
187.                    s = 0;
188.                    //分钟自增1
189.                    m++;
190.                }
191.                if (m == 60) {
192.                    //如果分钟也达到60，则归0
193.                    m = 0;
194.                    //小时自增1
195.                    h++;
196.                }
197.
198.                //修改时、分、秒的显示效果，使其保持两位数
199.                if (s < 10)
200.                    s = "0" + s;
201.                if (m < 10)
202.                    m = "0" + m;
203.                if (h < 10)
204.                    h = "0" + h;
205.                //将当前计时的时间显示在页面上
206.                time.innerHTML = h + ":" + m + ":" + s;
207.            }
208.
209.            //重新开始游戏
210.            function restartGame() {
211.                //清除计时器
212.                clearInterval(timer);
213.                //时间清零
214.                s = 0;
215.                m = 0;
216.                h = 0;
217.                //重新显示时间
218.                getCurrentTime();
219.                timer = setInterval("getCurrentTime()", 1000);
220.
221.                //重新打乱拼图顺序
222.                generateNum();
223.                //绘制拼图
224.                drawCanvas();
225.            }
226.
227.            //每隔1000毫秒（1秒）刷新一次时间
228.            var timer = setInterval("getCurrentTime()", 1000);
229.        </script>
230.    </body>
231.</html>
```

完整的 CSS 代码如下：

```
1.    body {
2.        background-color: silver;
3.    }
4.    #container {
5.        text-align: center;
6.        margin: auto;
7.        padding: 0;
8.        background-color: white;
9.        width: 600px;
10.       padding: 20px;
```

```
11.        box-shadow: 10px 10px 15px black;
12.    }
13.    #timeBox {
14.        margin: 10px 0;
15.        font-size: 18px;
16.    }
17.    button {
18.        width: 200px;
19.        height: 50px;
20.        margin: 10px 0;
21.        border: 0;
22.        font-size: 25px;
23.        font-weight: bold;
24.        color: white;
25.        outline: none;
26.        background-color: lightcoral;
27.    }
28.    button:hover {
29.        background-color: coral;
30.    }
```

<table>
<tr><td>

第6章

</td><td>

HTML5 媒体 API 项目

</td></tr>
</table>

本章主要包含了两个基于 HTML5 媒体 API 的应用设计实例，一是基于 HTML5 音频 API 的音乐播放器的设计与实现，二是基于 HTML5 视频 API 的在线教学视频的设计与实现。在音乐播放器项目中，主要难点为音频文件的载入以及控件功能的实现；在线教学视频项目中，主要难点为界面布局设计、视频文件的载入以及视频时间的跳转控制。

本章学习目标：
- 学习如何综合应用 HTML5 音频 API、CSS 与 JavaScript 开发音乐播放器项目；
- 学习如何综合应用 HTML5 视频 API、CSS 与 JavaScript 开发在线教学视频项目。

6.1 音乐播放器的设计与实现

【例 6-1】 音乐播放器的设计与实现

功能要求：设计一款基于 HTML5 音频技术的音乐播放器，要求实现音乐的播放、暂停、音量大小调节、上一首和下一首切换。

最终效果如图 6-1 所示。

如图 6-1 所示，封面图片为一张仿 CD 样式的圆形图案，下面为 3 行内容，分别是音量调节进度条、歌曲名称展示和音乐播放控制按钮。音乐播放控制按钮目前主要是"上一首"按钮、"播放/暂停"按钮以及"下一首"按钮。

6.1.1 界面设计

本节主要介绍音乐播放器的网页布局和样式设计，包括使用 <div> 标签划分区域、使用 <img> 标签制作 CD 图片、使用 <input> 标签制作音量进度条以及使用 <button> 标签制作音乐播放器系列按钮，配合 CSS 样式完成整个页面设计效果。

图 6-1 音乐播放器效果图

1. 使用 <div> 标签划分区域

可以使用块级标签 <div> 区分 4 个不同的版块：①仿 CD 图案；②音量调节进度条；③歌曲名称的显示；④音乐播放器相关按钮。相关 HTML5 代码片段如下：

```
<body>
    <h3>简单音乐播放器</h3>
    <hr />

    <!--仿CD样式圆形图片-->
    <div id="CDimage"></div>
```

```
        <!--音量调节进度条-->
        <div></div>

        <!--显示歌曲名称-->
        <div></div>

        <!--音乐播放器按钮-->
        <div></div>
</body>
```

此时还需要 CSS 文件辅助渲染样式，因此在本地 css 文件夹中创建 music.css 文件，并在<head>首尾标签中声明对 CSS 文件的引用。相关 HTML5 代码片段如下：

```
<head>
    <meta charset="utf-8">
    <title>简单音乐播放器</title>
    <link rel="stylesheet" href="css/music.css">
</head>
```

在 CSS 文件中为<div>标签预设统一样式：内容居中显示、外边距 10 像素。相关 CSS 代码片段如下：

```
div{
    text-align:center;
    margin:10px;
}
```

此时尚未在各个<div>首尾标签之间填充内容，因此在网页上浏览没有实际效果，需等待后续补充。

2．使用<img>标签制作 CD 图片

本例使用了本地 image 文件夹中的 sky.jpg 图片作为音乐播放的 CD 图片样式，图片初始宽度和高度均为 300 像素。相关 HTML5 代码片段如下：

```
<!--仿CD样式圆形图片-->
<div id="CDimage">
    <img src="image/sky.jpg" />
</div>
```

因图片宽高符合设计要求，故无须在<img>标签中进行 width（宽度）和 height（高度）属性的设置。如果选用的是未经过处理的其他长宽比例的图片，可以用这两个属性进行约束。同时为了方便后续的 CSS 样式渲染，为当前的块级元素<div>设置了 id 名称为 CDimage，该名称可以自定义。

此时图片还是方形的样式，为了方便最终形成圆形效果有两种解决方案：一是直接使用经过 PS 处理的图片，做成背景透明的 png 文件格式即可；二是无须 PS 图像处理技术，直接使用 CSS3 技术在 music.css 文件中对该图片进行设置。

使用 CSS3 技术设置圆形图案的相关 CSS 代码片段如下：

```
#CDimage img{
    border-radius:50%;
}
```

本例用到了 CSS3 技术中的 border-radius 属性，该属性可以为块级元素设置圆角边框效果。当前设置成 50%为正圆形效果图案。

运行效果如图 6-2 所示。

由图 6-2 可见，目前 CD 封面的圆形图案效果已初步完成。接下来将介绍如何制作音量调节进度条。

3．使用<input>标签制作音量调节进度条

可以使用 HTML5 表单<input>标签的新增类型 range 制作音量调节进度条。

相关 HTML5 代码片段如下：

```html
<!--音量调节进度条-->
<div>
    <input type="range" min="0" max="1" step="0.1" />
</div>
```

该进度条规定了音量最小值为 0（min="0"）、音量最大值为 1（max="1"），并且刻度间隔为 0.1（step="0.1"）。

运行效果如图 6-3 所示。

图 6-2　音乐播放器的 CD 封面设计效果　　图 6-3　音乐播放器的 CD 封面设计效果

由图 6-3 可见，当前音量滑动条效果已经实现，用户可以拖动当前的刻度。但是目前仅进行了界面设计，后续还需要为其添加相关 JavaScript 代码才可实现真正的音量调节功能。接下来将介绍如何显示歌曲名称。

4．使用<span>标签定义歌曲名称

可以使用<span>标签显示歌曲名称，方便后期切换上一首或下一首歌曲时动态变化歌曲名称的显示。相关 HTML5 代码片段如下：

```html
<!--显示歌曲名称-->
<div>
    当前正在播放：<span id="title">小夜曲</span>
</div>
```

为方便切换歌曲时能动态地同步更新歌曲名称，需要在 JavaScript 里面调用该<span>标签，因此为该<span>标签设置了 id 名称为 title，同样该 id 名称也可以自定义为其他内容。运行效果如图 6-4 所示。

由图 6-4 可见，歌曲名称显示的状态栏已完成，后续还需要为其添加相关 JavaScript 代码才可实现名称随着歌曲的切换而变化的效果。接下来将介绍如何显示音乐播放器的按钮。

5．使用<button>标签制作音乐播放器按钮

使用<button>标签创建自定义的按钮代替<audio>标签自带的音乐播放器控件，并在<button>首尾标签之间使用<img>标签插入透明背景的 png 图片表示按钮图标，将图标大小统一规定成宽度和高度均为 50 像素。本例中节选 HTML5 代码片段如下：

```html
<!--音乐播放器按钮-->
<div>
    <button><img src="image/previous.png" width="50" height="50"/>
    </button>
    <button><img src="image/play.png" width="50" height="50"/>
    </button>
    <button><img src="image/next.png" width="50" height="50"/>
    </button>
</div>
```

为了使<button>标签只显示自定义的图标，需要在 CSS 文件中为<button>标签设置统一样式：背景为透明并且无边框。相关 CSS 代码片段如下：

```css
button{
    background: transparent;
    border: 0;
    outline: 0;
}
```

此时界面设计部分全部完成了，运行后在浏览器中显示的效果如图 6-5 所示。

图 6-4　当前歌曲名称的显示效果

图 6-5　音乐播放器完整界面布局效果图

由图 6-5 可见,使用<button>标签实现了自定义形状和内容的按钮风格。至此音乐播放器的界面设计已全部完成。下一节将介绍如何载入音频文件,并实现播放效果。

6.1.2 媒体文件的载入

音乐文件的载入使用 HTML5 音频的<audio>标签,因为需要使用自定义的播放器按钮控件,所以不要添加 controls 属性,以禁用浏览器自带的音乐播放器。相关 HTML5 代码片段如下:

```
<!--音乐文件的载入-->
<audio id="audio" src="music/Serenade.mp3" preload>
    对不起,您的浏览器不支持HTML5音频播放。
</audio>
```

在<audio>标签的 src 属性中规定了默认初始载入的媒体文件路径——本地 music 文件夹中的 Serenade.mp3 文件。为方便后续的 JavaScript 调用,为<audio>标签定义了 id 名称为 audio,该 id 名称可自定义。在<audio>首尾标签之间加入了提示语句,当浏览器版本过低不支持 HTML5 音频时会显示该内容。

6.1.3 控件功能的实现

本节主要介绍如何使用 JavaScript 代码实现音量调节、歌曲的播放/暂停、曲目切换以及音乐名称同步显示效果。

1. 音量调节控制功能的实现

当用户拖动该进度条的刻度时音量发生了变化,因此在音量控制进度条的<input>标签上声明了 onchange="setVolume()"表示当刻度发生变化时调用 JavaScript 函数 setVolume()来重置音量大小,函数名称可自定义。

相关 HTML5 代码片段添加 onchange 声明后如下:

```
<!--音量调节进度条-->
<div>
    <input id="volume" type="range" min="0" max="1" step="0.1"  onchange=
    "setVolume()" />
</div>
```

为方便后续的 JavaScript 调用,为当前的进度条定义了 id 名称为 volume,该名称可以自定义为其他内容。

在 JavaScript 中使用 document.getElementById("ID 名称")的方法分别获取音频对象和音量进度条。本例中节选 HTML5 代码片段如下:

```
//获取音频对象
var music = document.getElementById("music");

//获取音量调节进度条
var volume = document.getElementById("volume ");
```

在 JavaScript 中 setVolume()方法的完整代码如下:

```
function setVolume() {
```

```
        music.volume = volume.value;
    }
```

当用户移动音量进度条时音量值对应的刻度发生了变化，该行为会触发进度条的 onchange 事件，从而调用 JavaScript 中的 setVolume()方法，此时 music 对象的音量值 volume 将重置为进度条上的刻度值，因此实现了实时更新音量调节的效果。

2. "播放/暂停"按钮的功能实现

对于"播放/暂停"按钮，为该按钮提供单击事件 onclick="toggleMusic()"，其中 toggleMusic()方法的名称可自定义，该函数需要在 JavaScript 中声明。

"播放/暂停"按钮添加单击事件后的相关 HTML5 代码片段如下：

```
<button id="toggleBtn" onclick="toggleMusic()"><img src="image/play.png"
width="50" height="50"/></button>
```

为方便在 JavaScript 中调用，为"播放/暂停"按钮赋予了 id 名称 toggleBtn，该 id 名称可自定义。

在 JavaScript 中使用 document.getElementById("ID 名称")的方法获取"播放/暂停"按钮。相关 JavaScript 代码片段如下：

```
//获取音乐的"播放/暂停"按钮
var toggleBtn = document.getElementById("toggleBtn");
```

在 JavaScript 中声明 toggleMusic()方法，可以使用 if-else 语句判断当前音乐的播放状态，如果是暂停状态则继续播放，并同时更改按钮对应的图标为 pause.png；反之，如果在播放中则暂停音乐，并更改按钮对应的图标为 play.png。相关 JavaScript 代码片段如下：

```
//音乐播放与暂停切换方法
function toggleMusic() {
    if(music.paused) {
        music.play();
        //播放音乐
        toggleBtn.innerHTML='<img src="image/pause.png"width="50"height="50"/>';
    } else {
        music.pause();
        //暂停音乐
        toggleBtn.innerHTML='<imgsrc="image/play.png" width="50"height="50"/>';
    }
}
```

在按钮状态切换时分别使用了 play()和 pause()方法播放与暂停音频文件，同时通过重置 innerHTML 属性值的方式更改按钮的显示图标内容。

运行效果如图 6-6 所示。

由图 6-6 可见，当前"播放/暂停"按钮的单击效果已经实现。其中图 6-6(a)显示的是单击了播放按钮后的效果，此时歌曲正在进行播放，并且"播放/暂停"按钮的图标样式切换为暂停按钮。图 6-6(b)显示的是歌曲暂停播放的效果，此时歌曲为暂停播放状态，并且

"播放/暂停"按钮的图标样式切换为播放按钮。

（a）歌曲正在播放的效果

（b）歌曲暂停播放的效果

图 6-6 "播放/暂停"按钮的运行效果

3. "上一首"和"下一首"按钮的功能实现

为"上一首"按钮提供单击事件 onclick="lastMusic()"；为"下一首"按钮提供单击事件 onclick="nextMusic()"。当用户单击对应按钮时会调用对应的 JavaScript 函数，函数名称同样可以自定义。这些函数需要在 JavaScript 中写出才可实现相关效果。

相关 HTML5 代码片段添加单击事件后如下：

```
<button onclick="lastMusic()"><img src="image/previous.png" width="50"
height="50"/>
</button>
<button onclick="nextMusic()"><img src="image/next.png" width="50"
height="50"/>
</button>
```

与"播放/暂停"按钮不同，"上一首"和"下一首"按钮的单击事件不涉及按钮图标的变化，因此 JavaScript 不需要获取按钮对象，可直接为其添加 onclick 事件，无须另外声明 id 名称。

无论单击"上一首"或"下一首"按钮，都涉及两部分内容的更改：一是需要播放的音频文件的切换，二是在网页上显示的歌曲名称的切换。音频文件的切换需要先暂停当前正在播放的音乐，然后更改<audio>标签的 src 属性，使其指向新的音频文件路径，再重新播放音乐即可。歌曲名称的切换需要与音频文件的切换对应完成，当音频切换完成时重置用于显示音乐名称的<span>首尾标签中的内容即可。

因此，单击"上一首"或"下一首"按钮进行歌曲切换时需要先获取切换的新歌曲名称以及媒体文件路径才能进行后续的处理。解决方案是可以事先在 JavaScript 中使用 Array 数组分别声明媒体文件来源与音乐名称，并使用变量 i 记录当前是第几首曲目。

以共计 3 首曲目为例，相关 JavaScript 代码如下：

```javascript
//音乐路径列表
var list = new Array("music/Serenade.mp3", "music/EndlessHorizon.mp3",
"music/月光下的云海.mp3");

//音乐标题列表
var titleList = new Array("小夜曲", "无尽的地平线", "月光下的云海");

var i = 0;//定义当前是第几首曲目
```

单击"下一首"按钮对应的 JavaScript 函数方法为 nextMusic()，完整代码如下：

```javascript
//切换下一首歌曲
function nextMusic() {
    if (i == list.length - 1)
      i = 0;
    else
      i++;
    music.pause();
    music.src = list[i];
    title.innerHTML = titleList[i];
    music.play();
}
```

在该方法中需要先判断当前正在播放的歌曲是否已经是播放列表中的最后一首歌曲，如果是则跳转到第一首歌曲，否则可以直接跳转下一首歌曲。因此需要先判断用于记录当前歌曲是第几首的变量 i 值，如果到头了则重新定义 $i=0$，否则直接执行 $i++$ 令 i 增加 1。因为是从 0 开始计数的，所以最后一首歌曲的值应该是数组长度减 1，即 list.length-1。

调整完变量 i 的值之后可以调用 HTML5 媒体对象中的 pause()方法暂停当前音乐的播放，重置<audio>标签中的 src 属性值，换成新歌曲对应的文件路径，同时使用 innerHTML 更新<span>标签内部的歌曲名称。完成后重新执行 play()方法播放新的曲目。

单击"上一首"按钮对应的 JavaScript 函数方法为 lastMusic()，完整代码如下：

```javascript
//切换上一首歌曲
function lastMusic() {
    if(i == 0)
       i=list.length - 1;
    else
       i--;
    music.pause();
    music.src = list[i];
    title.innerHTML = titleList[i];
    music.play();
}
```

在该方法中需要先判断当前正在播放的歌曲是否已经是播放列表中的第一首歌曲，如果是则跳转到最后一首歌曲，否则可以直接跳转上一首歌曲。因此需要先判断用于记录当前歌曲是第几首的变量 i 值，如果到头了则重新定义 i=list.length-1，否则直接执行 i-- 令 i 减少 1。后续令音乐暂停、重置媒体文件来源、更改曲目名称和重新播放音乐的相关代码与 nextMusic() 中的对应部分完全相同，这里不再赘述。

运行效果如图 6-7 所示。

（a）单击"上一首"按钮的播放效果

（b）单击"下一首"按钮的播放效果

图 6-7　歌曲切换按钮的运行效果

由图 6-7 可见，当前歌曲切换按钮的单击效果已经实现。其中图 6-7(a) 显示的是单击了"上一首"按钮后的效果，此时歌曲切换到列表中的前一首曲目并继续进行播放。图 6-7(b) 显示的是单击了"下一首"按钮后的效果，此时歌曲切换到列表中的后一首曲目并继续进行播放。至此音乐播放器的页面功能已全部实现。

6.1.4　完整代码展示

HTML5 完整代码如下：

```
1.    <!DOCTYPE html>
2.    <html>
3.        <head>
4.            <meta charset="utf-8">
5.            <title>简单音乐播放器</title>
6.            <link rel="stylesheet" href="css/music.css">
7.        </head>
8.        <body>
9.            <h3>简单音乐播放器</h3>
10.           <hr />
11.
12.           <!--音乐文件的载入-->
```

120

```html
13.          <audio id="audio" src="music/Serenade.mp3" preload>
14.              对不起，您的浏览器不支持HTML5音频播放。
15.          </audio>
16.
17.          <!--仿CD样式圆形图片-->
18.          <div id="CDimage">
19.              <img src="image/sky.jpg" />
20.          </div>
21.
22.          <!--音量调节进度条-->
23.          <div>
24.              <input id="volume" type="range" min="0" max="1" step="0.1"
     onchange="setVolume()" />
25.          </div>
26.
27.          <!--显示歌曲名称-->
28.          <div>
29.              当前正在播放：<span id="title">小夜曲</span>
30.          </div>
31.
32.          <!--音乐播放器按钮-->
33.          <div>
34.              <button onclick="lastMusic()"><img src="image/previous.
     png" width="50" height="50"/>
35.              </button>
36.              <button id="toggleBtn"onclick="toggleMusic()"><img src="image/
     play.png" width="50" height="50"/>
37.              </button>
38.              <button onclick="nextMusic()"><img src="image/next.png"
     width="50" height="50"/>
39.              </button>
40.          </div>
41.          <script>
42.              //获取音频对象
43.              var music = document.getElementById("audio");
44.
45.              //获取音量调节进度条
46.              var volume = document.getElementById("volume ");
47.
48.              //获取音乐"播放/暂停"按钮
49.              var toggleBtn = document.getElementById("toggleBtn");
50.
51.              //获取当前播放的音乐标题
52.              var title = document.getElementById("title");
53.
54.              //音乐路径列表
55.              var list = new Array("music/Serenade.mp3", "music/
     EndlessHorizon.mp3", "music/月光下的云海.mp3");
56.
57.              //音乐标题列表
58.              var titleList = new Array("小夜曲", "无尽的地平线", "月光下
     的云海");
59.
60.              var i = 0;
61.              //定义当前是第几首曲目
62.
63.              //音乐播放与暂停切换方法
```

```
64.          function toggleMusic() {
65.              if (music.paused) {
66.                  music.play();
67.                  //播放音乐
68.                  toggleBtn.innerHTML = '<img src="image/pause.png"
     width="50" height="50"/>';
69.              } else {
70.                  music.pause();
71.                  //暂停音乐
72.                  toggleBtn.innerHTML = '<img src="image/play.png"
     width="50" height="50"/>';
73.              }
74.          }
75.
76.          //设置音量大小
77.          function setVolume() {
78.              music.volume = volume.value;
79.          }
80.
81.          //切换下一首歌曲
82.          function nextMusic() {
83.              if (i == list.length - 1)
84.                  i = 0;
85.              else
86.                  i++;
87.              music.pause();
88.              music.src = list[i];
89.              title.innerHTML = titleList[i];
90.              music.play();
91.          }
92.
93.          //切换上一首歌曲
94.          function lastMusic() {
95.              if (i == 0)
96.                  i = list.length - 1;
97.              else
98.                  i--;
99.              music.pause();
100.             music.src = list[i];
101.             title.innerHTML = titleList[i];
102.             music.play();
103.         }
104.     </script>
105.   </body>
106. </html>
```

CSS 文件 music.css 的完整代码如下：

```
1.    div{
2.        text-align:center;
3.        margin:10px;
4.    }
5.
6.    #CDimage img{
7.        border-radius:50%;
8.    }
9.
10.   img{
11.       border:0px;
```

```
12.    }
13.
14.  button{
15.       background: transparent;
16.       border: 0;
17.       outline: 0;
18.    }
```

6.2　在线教学视频的设计与实现

【例 6-2】　在线教学视频的设计与实现

背景介绍：现如今慕课（Massive Open Online Courses，MOOC）的概念正在兴起，例如哈佛大学等世界级名校陆续设立了网络学习平台，用户可以在线免费观看和学习自己感兴趣的课程。在我国，网易也正式推出了"全球名校视频公开课项目"，内容涵盖了科技、艺术、金融、人文多个领域。

功能要求：设计一款基于 HTML5 视频技术的在线视频播放页面，包含视频播放窗口和课程目录列表。其中视频播放窗口带有相关控件，可以由用户单击切换全屏效果，以及随时暂停和拖曳到指定时间继续播放。课程目录列表用于显示当前课程的大纲，用户单击列表中的不同选项可以使课程跳转到相应的播放时间继续进行播放。

最终效果如图 6-8 所示。

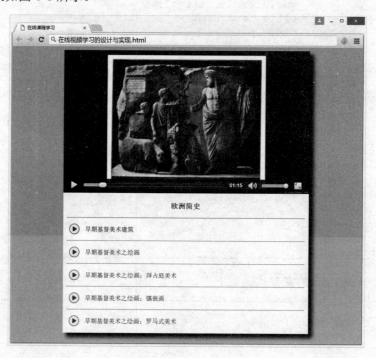

图 6-8　在线教学视频的效果图

6.2.1　界面设计

本节主要介绍在线教学视频播放页面的网页布局和样式设计，包括使用<div>标签进行整体布局、使用<video>标签制作视频播放窗口、使用<ul>和<li>标签制作课程目录列表，配合 CSS 样式完成整个页面设计效果。

1. 整体布局设计

首先直接使用一个区域元素<div>在页面背景上创建视频播放界面，在其内部预留视频播放窗口与课程大纲列表的空间。相关 HTML5 代码片段如下：

```
<body>
    <div id="course">
        <!--创建视频播放窗口-->
        <!--课程大纲列表-->
    </div>
</body>
```

该段代码中为<div>元素定义了 id="course"，以便可以使用 CSS 的 ID 选择器进行样式设置。

本例使用 CSS 外部样式表规定页面样式。在本地 css 文件夹中创建 course.css 文件，并在<head>首尾标签中声明对 CSS 文件的引用。相关 HTML5 代码片段如下：

```
<head>
    <meta charset="utf-8">
    <title>在线课程学习</title>
    <link rel="stylesheet" href="css/course.css">
</head>
```

在 CSS 文件中为 id="course"的<div>标签设置样式，具体样式要求如下。
- 尺寸：宽度为 640 像素；
- 颜色：背景颜色为白色；
- 边距：各边的外边距定义为 auto，以便可以居中显示；
- 文本：左对齐显示，采用默认字体；
- 特殊：使用 CSS3 技术为其定义边框阴影效果，在其右下角有黑色投影。

相关 CSS 代码片段如下：

```
/*设置视频播放界面样式*/
#course {
    width: 640px;
    background-color: white;
    margin: auto;
    text-align: left;
    box-shadow: 10px 10px 15px black;
}
```

其中 box-shadow 属性可以实现边框投影效果，4 个参数分别代表水平方向的偏移（向右偏移 10 像素）、垂直方向的偏移（向下偏移 10 像素）、阴影宽度（15 像素）和阴影颜色（黑色），均可自定义成其他值。该属性是 CSS3 新特性中的一种，在这里仅为美化页面做简单使用。

网页背景颜色默认为白色，与<div>元素设置的背景颜色相同。为了区分，将网页的背景颜色重新设置为银色，并设置文本为居中显示效果。

相关 CSS 代码片段如下：

```
body {
    background-color: silver;/*设置页面背景颜色为银色*/
    text-align: center;/*设置页面内容居中显示*/
}
```

由于目前尚未在<div>首尾标签之间填充相关内容，因此在网页上浏览没有完整效果，只能看到背景颜色的变化。接下来将介绍如何进行视频播放窗口的布局设计。

2．视频播放窗口的设计

视频播放窗口的实现使用 HTML5 视频中的<video>标签。由于需要显示播放器按钮和进度条，所以在<video>首标签中添加 controls 属性以启用浏览器自带的视频播放器控件。相关 HTML5 代码片段如下：

```
<!--创建视频播放窗口-->
<video id="screen" width="640" controls>
    对不起，您的浏览器不支持HTML5视频。
</video>
```

代码内容解释如下：

（1）为方便后续的 JavaScript 调用，为<video>标签定义了 id 名称为 screen，该 id 名称可自定义。

（2）在<video>标签中的 width 属性规定了视频播放窗口的宽度为 640 像素，高度为按照比例自适应。

（3）<video>标签中的 controls 用于显示浏览器默认的视频播放器控件。

（4）在<video>首尾标签之间加入提示语句，当浏览器版本过低不支持 HTML5 视频时会显示该内容。

运行效果如图 6-9 所示。

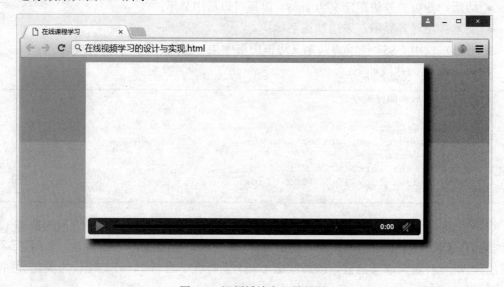

图 6-9　视频播放窗口效果图

由图 6-9 可见，目前在线教学视频播放页面已初步完成。由于尚未指定视频来源，在视频播放窗口中只能显示相关播放控件与空白画面。接下来将介绍如何进行课程列表的布局设计。

3．课程列表布局设计

这里主要介绍如何在页面上创建完整的课程列表，包括列表图标与课程目录两部分，将会使用到无序列表标签<ul>与列表选项标签<li>。

首先在 id="course"的<div>元素内部预留区域添加一个<ul>元素，在其中使用<li>显示课程目录内容。在每一项<li>标签中使用<img>标签显示播放图标，并将课程目录文本嵌套在<span>元素中，以便后续可以使用 CSS 设置文本样式。

相关 HTML5 代码片段如下：

```
<body>
    <div id="course">
        <!--创建视频播放窗口-->
        <!--课程大纲列表-->
        <ul>
            <li>
                <!--课程标题-->
                <h3>欧洲简史</h3>
            </li>
            <!--水平线-->
            <hr />
            <li>
                <img src="image/course/play.png" />
                <span>早期基督美术建筑</span>
            </li>
            <hr />
            <li>
                <img src="image/course/play.png" />
                <span>早期基督美术之绘画</span>
            </li>
            <!--水平线-->
            <hr />
            <li>
                <img src="image/course/play.png" />
                <span>早期基督美术之绘画：拜占庭美术</span>
            </li>
            <!--水平线-->
            <hr />
            <li>
                <img src="image/course/play.png" />
                <span>早期基督美术之绘画：镶嵌画</span>
            </li>
            <!--水平线-->
            <hr />
            <li>
                <img src="image/course/play.png" />
```

```
                    <span>早期基督美术之绘画：罗马式美术</span>
            </li>
        </ul>
    </div>
</body>
```

其中图标的素材来源为本地 image/course 目录中的 play.png 文件。每两个<li>元素之间使用了水平线标签<hr>进行间隔。

在 CSS 文件中为<ul>标签进行样式设置。

- 列表标记：去掉列表选项前面的实心圆点标记符号；
- 边距：各边的内边距为 10 像素，顶端外边距为-10 像素。

相关 CSS 代码片段如下：

```css
/*设置列表总样式*/
ul {
    list-style: none;
    padding: 10px;
    margin-top: -10px;
}
```

在 CSS 文件中为<img>标签进行样式设置。

- 对齐方式：水平方向为底端对齐；
- 尺寸：宽度与高度均为 40 像素。

相关 CSS 代码片段如下：

```css
/*设置图标样式*/
img {
    vertical-align: bottom;
    width: 40px;
    height: 40px;
}
```

在 CSS 文件中为列表项<li>中的<span>标签设置样式如下。

- 尺寸：列表项高度与行高均为 40 像素；
- 边距：各边的内边距为 0 像素。

相关 CSS 代码片段如下：

```css
/*设置课程大纲目录样式*/
li span {
    line-height: 40px;
    height: 40px;
    padding: 0;
}
```

还可以为<li>标签设置鼠标悬浮时的样式效果，在 CSS 样式表中用 li:hover 表示。本例将该效果设置为字体颜色的改变，当鼠标悬浮在课程目录文本上时将文本的字体颜色从默认的黑色换成红色（red）。

相关 CSS 代码片段如下：

```css
/*设置鼠标悬浮于列表选项时的样式*/
li:hover {
    color: red;
}
```

此时整个样式设计就全部完成了，其界面运行效果如图 6-10 所示。

图 6-10　在线教学视频的界面效果图

由图 6-10 可见，关于在线教学视频的布局和样式要求已初步实现。目前尚未实现课程视频的载入与播放，该内容将在下一节介绍。

6.2.2　视频文件的载入与播放

用户只需要对<video>标签进行修改即可实现视频文件的载入与自动播放效果。在<video>首标签中添加 src 属性以指定播放的课程视频来源，并使用 autoplay 属性自动播放已经加载完毕的视频文件。相关 HTML5 代码片段如下：

```html
<!--创建视频播放窗口-->
<video id="screen" width="640" src="video/art.mp4" controls autoplay>
    对不起，您的浏览器不支持HTML5视频。
</video>
```

其中，src 属性中规定了媒体文件来源为本地 video 文件夹中的 art.mp4 文件，用户可以根据实际需要更改这里的文件路径和视频文件的名称。

运行效果如图 6-11 所示。

由图 6-11 可见，关于课程视频的在线载入与自动播放效果已初步实现。目前尚未单击课程目录跳转指定的播放时间，该内容将在下一节介绍。

图 6-11　在线教学视频的效果图

6.2.3　视频时间跳转的实现

本节将介绍如何实现视频时间的跳转功能。首先为用于显示课程目录的列表选项标签 \<li\> 提供单击事件 onclick="playCourse(time)"，其中 time 可以替换成需要跳转的具体时间（单位：秒）。当用户单击对应的课程目录选项时会调用该函数实现视频时间的跳转，函数名称同样可以自定义。

相关 HTML5 代码片段修改后如下：

```
<!--课程大纲列表-->
<ul>
    <li>
        <!--课程标题-->
        <h3>欧洲简史</h3>
    </li>
    <!--水平线-->
```

```
            <hr />
            <li onclick="playCourse(60)">
                <img src="image/course/play.png" />
                <span>早期基督美术建筑</span>
            </li>
            <hr />
            <li onclick="playCourse(120)">
                <img src="image/course/play.png" />
                <span>早期基督美术之绘画</span>
            </li>
            <!--水平线-->
            <hr />
            <li onclick="playCourse(220)">
                <img src="image/course/play.png" />
                <span>早期基督美术之绘画：拜占庭美术</span>
            </li>
            <!--水平线-->
            <hr />
            <li onclick="playCourse(320)">
                <img src="image/course/play.png" />
                <span>早期基督美术之绘画：镶嵌画</span>
            </li>
            <!--水平线-->
            <hr />
            <li onclick="playCourse(420)">
                <img src="image/course/play.png" />
                <span>早期基督美术之绘画：罗马式美术</span>
            </li>
        </ul>
```

其中，playCourse()函数中的数字表示立刻跳转到当前时间。例如 playCourse(100)表示跳转到第 100 秒的位置继续播放。当前所填写的时间值仅为示例，该内容可以根据实际视频课程的内容进行修改。

在 JavaScript 中使用 document.getElementById("ID 名称")的方法获取视频对象。

相关 JavaScript 代码片段如下：

```
//获取video对象
var screen = document.getElementById("screen");
```

在 playCourse()函数中使用了视频对象的 currentTime 属性重置播放时间，然后使用 play()方法从指定的时间位置开始继续播放当前视频。

相关 JavaScript 代码片段如下：

```
//跳转播放时间
function playCourse(time) {
    //重置当前播放时间
    screen.currentTime = time;
    //继续播放视频
    screen.play();
}
```

切换视频的播放时间有多种方法，当前是以 currentTime 属性切换视频播放的时间为例，还可以重置视频对象的 src 属性，在源地址后面加上"#t=starttime"（其中 starttime 替换成需要跳转的时间点）能达到同样的效果。

运行效果如图 6-12 所示。

（a）单击课程目录跳转前　　　　　　　　　（b）单击课程目录跳转后

图 6-12　在线教学视频的效果图

其中，图 6-12(a)展示的是正常播放的效果，当前尚未单击课程目录进行跳转；图 6-12(b)展示的是单击了最后一个课程目录选项后的效果，由图可见视频课程的播放时间立刻跳转到了第 7 分钟。至此在线教学视频的播放页面全部完成。

6.2.4　完整代码展示

HTML5 完整代码如下：

```
1.   <!DOCTYPE html>
2.   <html>
3.       <head>
4.           <meta charset="utf-8">
5.           <title>在线课程学习</title>
6.           <link rel="stylesheet" href="css/course.css">
7.       </head>
8.       <body>
9.           <div id="course">
10.              <!--创建视频播放窗口-->
11.              <video id="screen" width="640" src="video/art.mp4" controls
     autoplay>
12.                  对不起，您的浏览器不支持HTML5视频。
13.              </video>
14.              <!--课程大纲列表-->
15.              <ul>
16.                  <li>
17.                      <!--课程标题-->
18.                      <h3>欧洲简史</h3>
19.                  </li>
20.                  <!--水平线-->
21.                  <hr />
```

```
22.              <li onclick="playCourse(60)">
23.                  <img src="image/course/play.png" />
24.                  <span>早期基督美术建筑</span>
25.              </li>
26.              <hr />
27.              <li onclick="playCourse(120)">
28.                  <img src="image/course/play.png" />
29.                  <span>早期基督美术之绘画</span>
30.              </li>
31.              <!--水平线-->
32.              <hr />
33.              <li onclick="playCourse(220)">
34.                  <img src="image/course/play.png" />
35.                  <span>早期基督美术之绘画：拜占庭美术</span>
36.              </li>
37.              <!--水平线-->
38.              <hr />
39.              <li onclick="playCourse(320)">
40.                  <img src="image/course/play.png" />
41.                  <span>早期基督美术之绘画：镶嵌画</span>
42.              </li>
43.              <!--水平线-->
44.              <hr />
45.              <li onclick="playCourse(420)">
46.                  <img src="image/course/play.png" />
47.                  <span>早期基督美术之绘画：罗马式美术</span>
48.              </li>
49.          </ul>
50.      </div>
51.      <script>
52.          //获取video对象
53.          var screen = document.getElementById("screen");
54.
55.          //跳转播放时间
56.          function playCourse(time) {
57.              //重置当前播放时间
58.              screen.currentTime = time;
59.              //继续播放视频
60.              screen.play();
61.          }
62.      </script>
63.  </body>
64. </html>
```

CSS 完整代码如下：

```
1.   body {
2.       background-color: silver;/*设置页面背景颜色为银色*/
3.       text-align: center;/*设置页面内容居中显示*/
4.   }
5.   /*设置视频播放界面样式*/
6.   #course {
7.       width: 640px;
8.       background-color: white;
9.       margin: auto;
10.      text-align: left;
11.      box-shadow: 10px 10px 15px black;
```

```
12.    }
13.    /*设置列表总样式*/
14.    ul {
15.        list-style: none;
16.        padding: 10px;
17.        margin-top: -10px;
18.    }
19.    /*设置课程标题样式*/
20.    h3 {
21.        text-align: center;
22.    }
23.    /*设置课程大纲目录样式*/
24.    li span {
25.        line-height: 40px;
26.        height: 40px;
27.        padding: 0;
28.    }
29.    /*设置鼠标悬浮于列表选项时的样式*/
30.    li:hover {
31.        color: red;
32.    }
33.    /*设置图标样式*/
34.    img {
35.        vertical-align: bottom;
36.        width: 40px;
37.        height: 40px;
38.    }
```

第7章　HTML5 地理定位 API 项目

本章主要包含了两个基于 HTML5 地理定位 API 的应用设计实例，一是基于 HTML5 地理定位 API 的运动数据记录页面的设计与实现，二是基于 HTML5 地理定位 API 的运动轨迹绘制页面的设计与实现。在运动数据记录项目中，主要难点为对于用户地理位置的实时监控技术以及半正矢公式计算距离的应用；在运动轨迹绘制项目中，主要难点为腾讯地图 API 的调用、计时功能的实现以及轨迹的绘制技术。

本章学习目标：

- 学习如何综合应用 HTML5 地理定位 API、CSS 与 JavaScript 开发运动数据记录项目；
- 学习如何综合应用 HTML5 地理定位 API、CSS 与 JavaScript 开发运动轨迹绘制项目。

7.1　运动数据记录页面的设计与实现

【例 7-1】　简易运动数据记录页面的设计与实现

背景介绍：将 HTML5 地理定位 API 技术用于移动设备，实现简易运动距离的记录功能。

功能要求：用户单击"开始记录"按钮开始记录，实时监控用户的地理位置，并计算运动的总距离，直到用户单击"完成记录"按钮停止监控，效果如图 7-1 所示。

（a）单击"开始记录"按钮后的效果　　　　（b）单击"完成记录"按钮后的效果

图 7-1　运动数据记录效果图

7.1.1 界面设计

本节主要介绍项目的页面设计。该项目的主界面由当前状态与详细信息两个部分组成，这两个部分均使用<h4>和<ul>生成标题与列表信息。相关 HTML5 代码如下：

```html
<body>
        <h3>跑步记录功能的设计与实现</h3>
        <hr />
        <div>
            <h4>您的当前状态</h4>
            <ul>
                <li>开始时间: <span id="start_time"></span></li>
                <li>完成时间: <span id="end_time"></span></li>
                <li>总距离: <span id="distance">0</span>km</li>
            </ul>

            <h4>详细信息</h4>
            <ul>
                <li>经度: <span id="long"></span>° </li>
                <li>纬度: <span id="lat"></span>° </li>
                <li>位置精确度: <span id="acc"></span></li>
                <li>海拔高度: <span id="alt">0</span>m</li>
                <li>速度: <span id="speed">0</span>m/s</li>
            </ul>
            <div class="center">
                <button id="btn">开始记录</button>
            </div>
        </div>
</body>
```

由于每个列表项都将随着地理定位实时更新数据，因此为各列表项内部的数据部分添加<span>容器，并给出自定义的 id 名称，这样后续可以使用 JavaScript 代码获取<span>对象以更新数据值。

本项目使用了 CSS 内部样式表来辅助渲染页面样式，相关 CSS 代码片段如下：

```html
<head>
    <meta charset="utf-8">
    <title>跑步记录功能的设计与实现</title>
    <style>
        div {
            text-align: left;
            margin: auto;
            padding: 10px;
        }
        .center {
            text-align: center
        }
    </style>
</head>
```

运行效果如图 7-2 所示。

目前尚未使用 HTML5 地理定位技术，因此暂无实际数据显示。下一节将介绍如何实时监控用户所在设备的地理定位坐标。

7.1.2　实时监控地理定位

本节将介绍如何基于 HTML5 地理定位 API 实时获取用户的地理位置的经纬度坐标。

首先在 JavaScript 中声明两组变量，分别用于记录上一次以及当前获取的用户位置的经纬度坐标。相关 JavaScript 代码如下：

```
//前一次获取的经度
var oldLong;
//前一次获取的纬度
var oldLat;
//最新获取的经度
var currentLong;
//最新获取的纬度
var currentLat;
```

图 7-2　运动数据记录页面设计

在 JavaScript 中添加 getLocation()方法用于实时获取定位信息。相关 JavaScript 代码如下：

```
//获取地理位置
function getLocation() {
    if (navigator.geolocation) {
        var watchID = navigator.geolocation.watchPosition(showPosition,
        showError, options);
    } else {
        alert("对不起，您的浏览器不支持HTML5地理定位API");
    }
}
```

上述代码使用了 HTML5 地理定位 API 中的 watchPosition()方法实时监控用户位置。该方法中的 3 个参数名称可以自定义，分别表示获取位置信息、获取错误代码以及定位参数设置。

showPosition()函数的相关 JavaScript 代码如下：

```
//回调函数，用于接收获取的经纬度以及描述信息
function showPosition(position) {
    //更新经纬度数据
    if (currentLong != null && currentLat != null) {
        oldLong = currentLong;
        oldLat = currentLat;
    }
    currentLong = position.coords.longitude;
    currentLat = position.coords.latitude;

    //更新经度
    var long = document.getElementById("long");
    long.innerHTML = currentLong;
    //更新纬度
    var lat = document.getElementById("lat");
```

```
        lat.innerHTML = currentLat;
        //更新位置精确度
        var acc = document.getElementById("acc");
        acc.innerHTML = position.coords.accuracy;
        //更新海拔高度
        var alt = document.getElementById("alt");
        alt.innerHTML = position.coords.altitude;
        //更新速度
        var speed = document.getElementById("speed");
        speed = position.coords.speed;
    }
```

上述代码表示一旦获取到了最新的经纬度和其他定位信息直接将相关数据更新在页面上，但是运动距离无法直接获取，需要后续通过一些公式计算来获得。

showError()函数的相关 JavaScript 代码如下：

```
//回调函数，用于接收获取失败时的错误代码
function showError(error) {
    switch(error.code) {
    case error.PERMISSION_DENIED:
        alert("用户拒绝了地理定位的请求。");
        break;
    case error.POSITION_UNAVAILABLE:
        alert("位置信息不可用。");
        break;
    case error.TIMEOUT:
        alert("请求超时。");
        break;
    case error.UNKNOWN_ERROR:
        alert("未知错误发生。");
        break;
    }
}
```

这里使用 switch 语句分别判断了不同的错误代码情况，并弹出对应的错误提示。

options 参数的相关 JavaScript 代码如下：

```
//定位参数设置
var options = {
    enableHighAccuracy : true,
    timeout : 2000,
    maximunAge : 2000
};
```

上述代码表示开启高精确度定位，等待超时时间与重新获取定位数据的间隔时间均为 2000 毫秒，即两秒。

由于当前还没有在"开始记录"按钮的单击事件中调用 getLocation()函数，因此尚未真正开启定位功能。下一节将介绍如何在同一个按钮上实现开始与结束运动的功能切换。

7.1.3 开始与结束按钮的切换

由于使用同一个按钮表示运动的开始与结束，因此在 JavaScript 中首先声明自定义变量 isRunning 用于标记当前的运动状态。相关 JavaScript 代码如下：

```
//当前运动状态，true为正在运动，false为没有运动
var isRunning = false;
```

由于在单击按钮时也需要记录当前时间，因此事先声明变量 start_time 和 end_time 分别用于表示运行开始与结束时间的<span>对象。相关 JavaScript 代码如下：

```
//显示运动开始时间的<span>对象
var start_time = document.getElementById("start_time");
//显示运动结束时间的<span>对象
var end_time = document.getElementById("end_time");
```

为<button>按钮添加 onclick 事件，相关 HTML5 代码修改后如下：

```
<button id="btn" onclick="toggleBtn()">开始记录</button>
```

这里的函数名称 toggleBtn()可以根据开发者的实际需要自定义。

在 JavaScript 中添加 toggleBtn()函数，相关代码如下：

```
function toggleBtn() {
    var btn = document.getElementById("btn");
    //开始运动
    if (!isRunning) {
        //获取当前时间对象
        var now = new Date();
        //更新开始时间信息
        start_time.innerHTML = now.toLocaleString();
        //清空结束时间信息
        end_time.innerHTML = "";
        //更新运动状态为true，表示正在运动
        isRunning = true;
        //更新按钮上的文字内容
        btn.innerHTML = "完成记录";
        //运动总距离清零
        document.getElementById("distance").innerHTML = "0";
        //开始定位
        getLocation();
    }
    //结束运动
    else {
        //更新运动状态为false，表示结束运动
        isRunning = false;
        //更新按钮上的文字内容
        btn.innerHTML = "开始记录";
        //获取当前时间对象
        var now = new Date();
        //更新结束时间信息
        end_time.innerHTML = now.toLocaleString();
    }
}
```

运行效果如图 7-3 所示。

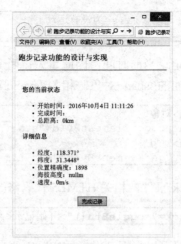

（a）页面初始加载效果　　　　　（b）开始记录页面效果　　　　　（c）完成记录页面效果

图 7-3　开始与结束按钮的切换效果

其中，图 7-3(a)显示的是页面初始加载效果，此时尚未开启定位功能，因此无数据信息；图 7-3(b)为单击"开始记录"按钮时的效果，页面会显示当前的开始时间、经纬度等定位信息；图 7-3(c)为单击"完成记录"按钮时的效果，页面会追加显示当前完成时间、最新经纬度等定位信息。

由于当前使用的是计算机端浏览器，因此无海拔数据（会显示为空值 null），如果使用手机端浏览器将显示该内容。此时也尚未在 JavaScript 中对运动距离进行计算，因此该数据目前均显示为 0km。下一节将介绍如何利用数学公式计算运动的总路程。

7.1.4　计算与显示距离

事实上，地球上任意两个坐标点在地平线上的距离并不是直线，而是球面的弧线。本节将介绍如何利用半正矢公式计算已知经纬度数据的两个坐标点之间的距离。半正矢公式也称为 Haversine 公式，它最早是航海学中的重要公式，其原理是将地球看作圆形，利用公式来计算圆形表面上任意两个点之间的弧线距离。

Haversine 公式中与本项目有关的公式为：

$$d = 2r \arcsin\left(\sqrt{\sin^2\left(\frac{\varphi_2 - \varphi_1}{2}\right) + \cos(\varphi_1)\cos(\varphi_2)\sin^2\left(\frac{\lambda_2 - \lambda_1}{2}\right)} \right)$$

相关符号解释如下。

- d：两点之间的弧线总距离。
- r：球体的半径。
- φ_1、φ_2：第一个和第二个坐标点的纬度（需要将角度转换为弧度表示）。
- λ_1、λ_2：第一个和第二个坐标点的经度（需要将角度转换为弧度表示）。

在 JavaScript 中提供了自定义函数 toRadians()用于将角度转换为弧度，相关代码如下：

```
//角度转换为弧度
function toRadians(degree) {
    return degree * Math.PI / 180;
```

```
        }
```

然后自定义名称为 getDistance()的函数，参数为两个坐标点的经纬度数值，然后使用半正矢公式求出两点之间的距离。相关 JavaScript 代码如下：

```
//计算两个坐标点之间的距离
function getDistance(lat1, long1, lat2, long2) {
    //地球的半径（单位：千米）
    var R = 6371;
    //角度转换为弧度
    var deltaLat = toRadians(lat2 - lat1);
    var deltaLong = toRadians(long2 - long1);
    lat1 = toRadians(lat1);
    lat2 = toRadians(lat2);
    //计算过程
    var h = Math.sin(deltaLat / 2) * Math.sin(deltaLat / 2) + Math.cos(lat1)
* Math.cos(lat2) * Math.sin(deltaLong / 2) * Math.sin(deltaLong / 2);
    //求距离
    var d = 2 * R * Math.asin(Math.sqrt(h));
    return d;
}
```

需要注意的是，地球是近似圆形，其半径在不同地区不相同：两极半径为 6 356.75km，赤道半径为 6 378.14km。为方便计算，这里取值为地球的平均半径 6 371km，因此结果具有 0.5%左右的误差。

本项目的距离计算原理是求每两个连续获得的坐标点之间的距离，并汇总累加到一起以获得运动的总距离数值。在 showPosition()方法中调用 getDistance()函数来计算新获取的坐标点与上一次记录的坐标点之间的距离，并更新总距离。

相关 JavaScript 代码修改后如下：

```
//回调函数，用于接收获取的经纬度以及描述信息
function showPosition(position) {
    //更新经纬度、速度、海拔等数据
    …（代码略）

    //更新运动距离
    if (oldLat != null && oldLong != null) {
        //计算本次运行的距离
        var m = getDistance(currentLat, currentLong, oldLat, oldLong);
        //获取页面上目前的总距离
        var lastDistance = document.getElementById("distance").innerHTML;
        //将总距离加上本次运动的距离，再更新到页面上
        document.getElementById("distance").innerHTML = parseFloat (last
        Distance) + m;
    }
}
```

运行效果如图 7-4 所示。

第 7 章

(a) 页面初始加载效果　　　　　　(b) 计算运动距离的过程　　　　　　(c) 完成记录页面效果

图 7-4　计算运动总距离效果

由于是在计算机端运行的，因此效果图中没有海拔高度值。如果需要在手机端访问，最好是将本项目页面部署在服务器上进行访问。此时运动数据记录项目的功能已经全部完成。

7.1.5　完整代码展示

完整的 HTML5 代码如下：

```
1.    <!DOCTYPE html>
2.    <html>
3.        <head>
4.            <meta charset="utf-8">
5.            <title>跑步记录功能的设计与实现</title>
6.            <style>
7.                div {
8.                    text-align: left;
9.                    margin: auto;
10.                   padding: 10px;
11.               }
12.               .center {
13.                   text-align: center
14.               }
15.           </style>
16.       </head>
17.       <body>
18.           <h3>跑步记录功能的设计与实现</h3>
19.           <hr />
20.           <div>
21.               <h4>您的当前状态</h4>
22.               <ul>
23.                   <li>
24.                       开始时间: <span id="start_time"></span>
25.                   </li>
26.                   <li>
27.                       完成时间: <span id="end_time"></span>
28.                   </li>
```

```
29.                     <li>
30.                         总距离：<span id="distance">0</span>km
31.                     </li>
32.                 </ul>
33.
34.                 <h4>详细信息</h4>
35.                 <ul>
36.                     <li>
37.                         经度：<span id="long"></span>°
38.                     </li>
39.                     <li>
40.                         纬度：<span id="lat"></span>°
41.                     </li>
42.                     <li>
43.                         位置精确度：<span id="acc"></span>
44.                     </li>
45.                     <li>
46.                         海拔高度：<span id="alt">0</span>m
47.                     </li>
48.                     <li>
49.                         速度：<span id="speed">0</span>m/s
50.                     </li>
51.                 </ul>
52.                 <div class="center">
53.                     <button id="btn" onclick="toggleBtn()">
54.                         开始记录
55.                     </button>
56.                 </div>
57.             </div>
58.             <script>
59.                 //前一次获取的经度
60.                 var oldLong;
61.                 //前一次获取的纬度
62.                 var oldLat;
63.                 //最新获取的经度
64.                 var currentLong;
65.                 //最新获取的纬度
66.                 var currentLat;
67.
68.                 //获取地理位置
69.                 function getLocation() {
70.                     if (navigator.geolocation) {
71.                         var watchID = navigator.geolocation.watchPosition
    (showPosition, showError, options);
72.                     } else {
73.                         alert("对不起，您的浏览器不支持HTML5地理定位API");
74.                     }
75.                 }
76.
77.                 //回调函数，用于接收获取的经纬度以及描述信息
78.                 function showPosition(position) {
79.                     //更新经纬度数据
80.                     if (currentLong != null && currentLat != null) {
81.                         oldLong = currentLong;
82.                         oldLat = currentLat;
83.                     }
84.                     currentLong = position.coords.longitude;
```

```
85.              currentLat = position.coords.latitude;
86.
87.              alert(currentLong + "," + currentLat);
88.
89.              //更新经度
90.              var long = document.getElementById("long");
91.              long.innerHTML = currentLong;
92.              //更新纬度
93.              var lat = document.getElementById("lat");
94.              lat.innerHTML = currentLat;
95.              //更新位置精确度
96.              var acc = document.getElementById("acc");
97.              acc.innerHTML = position.coords.accuracy;
98.              //更新海拔高度
99.              var alt = document.getElementById("alt");
100.             alt.innerHTML = position.coords.altitude;
101.             //更新速度
102.             var speed = document.getElementById("speed");
103.             speed = position.coords.speed;
104.
105.             //更新运动距离
106.             if (oldLat != null && oldLong != null) {
107.                 //计算本次运行的距离
108.                 var d = getDistance(currentLat, currentLong, oldLat,
     oldLong);
109.                 //获取页面上目前的总距离
110.                 var lastDistance =document.getElementById("distance").
     innerHTML;
111.                 alert(d);
112.                 //将总距离加上本次运动的距离，再更新到页面上
113.                 document.getElementById("distance").innerHTML=
     parse Float(lastDistance) + d;
114.             }
115.         }
116.
117.         //回调函数，用于接收获取失败时的错误代码
118.         function showError(error) {
119.             switch(error.code) {
120.             case error.PERMISSION_DENIED:
121.                 alert("用户拒绝了地理定位的请求。");
122.                 break;
123.             case error.POSITION_UNAVAILABLE:
124.                 alert("位置信息不可用。");
125.                 break;
126.             case error.TIMEOUT:
127.                 alert("请求超时。");
128.                 break;
129.             case error.UNKNOWN_ERROR:
130.                 alert("未知错误发生。");
131.                 break;
132.             }
133.         }
134.
135.         //定位参数设置
136.         var options = {
137.             enableHighAccuracy : true,
138.             timeout : 2000,
139.             maximunAge : 2000
```

```
140.            };
141.
142.            //当前运动状态，true为正在运动，false为没有运动
143.            var isRunning = false;
144.            //显示运动开始时间的<span>对象
145.            var start_time = document.getElementById("start_time");
146.            //显示运动结束时间的<span>对象
147.            var end_time = document.getElementById("end_time");
148.
149.            function toggleBtn() {
150.                var btn = document.getElementById("btn");
151.                //开始运动
152.                if (!isRunning) {
153.                    //获取当前时间对象
154.                    var now = new Date();
155.                    //更新开始时间信息
156.                    start_time.innerHTML = now.toLocaleString();
157.                    //清空结束时间信息
158.                    end_time.innerHTML = "";
159.                    //更新运动状态为true，表示正在运动
160.                    isRunning = true;
161.                    //更新按钮上的文字内容
162.                    btn.innerHTML = "完成记录";
163.                    //运动总距离清零
164.                    document.getElementById("distance").innerHTML = "0";
165.                    //开始定位
166.                    getLocation();
167.                }
168.                //结束运动
169.                else {
170.                    //更新运动状态为false，表示结束运动
171.                    isRunning = false;
172.                    //更新按钮上的文字内容
173.                    btn.innerHTML = "开始记录";
174.                    //获取当前时间对象
175.                    var now = new Date();
176.                    //更新结束时间信息
177.                    end_time.innerHTML = now.toLocaleString();
178.                }
179.            }
180.
181.            //角度转换为弧度
182.            function toRadians(degree) {
183.                return degree * Math.PI / 180;
184.            }
185.
186.            //计算两个坐标点之间的距离
187.            function getDistance(lat1, long1, lat2, long2) {
188.                //地球的半径（单位：千米）
189.                var R = 6371;
190.                //角度转换为弧度
191.                var deltaLat = toRadians(lat2 - lat1);
192.                var deltaLong = toRadians(long2 - long1);
193.                lat1 = toRadians(lat1);
194.                lat2 = toRadians(lat2);
195.                //计算过程
```

```
196.            var h = Math.sin(deltaLat / 2) * Math.sin(deltaLat /2) +
       Math.cos(lat1)*Math.cos(lat2)*Math.sin(deltaLong/2)*Math.sin(deltaLong/2);
197.            //求距离
198.            var d = 2 * R * Math.asin(Math.sqrt(h));
199.            return d;
200.        }
201.    </script>
202.  </body>
203. </html>
```

7.2   运动轨迹绘制页面的设计与实现

【例 7-2】 运动轨迹绘制页面的设计与实现

背景介绍：随着人们对健康意识的提高，各类运动软件也逐渐流行。由于手机方便携带，又自带 GPS 定位功能，因此 APP 成为用户的首选，例如咕咚、益动等。这些软件都具有类似的一个功能模块，就是在电子地图上跟踪记录用户跑步或骑行的运动轨迹。

功能要求：仿照运动 APP 的轨迹记录功能将 HTML5 地理定位技术用于移动设备，实现地图显示与运动轨迹追踪绘制效果。用户运动前单击"开始跑步"按钮进行记录，页面将实时监控用户的地理位置，并逐步绘制在地图画面上。用户完成运动时单击"结束跑步"按钮停止绘制。

运行效果如图 7-5 所示。

（a）页面初始加载效果　　　　　　（b）开始运动效果　　　　　　（c）完成记录页面效果

图 7-5　绘制运动轨迹的最终效果图

7.2.1　界面设计

本项目的界面设计较为简单，分为下面两个部分。

- 地图区域：用于显示电子地图和运动轨迹，是整个页面的总体部分；
- 控制区域：用于显示开始与结束按钮和计时信息，内嵌于地图区域中。

相关 HTML5 代码如下：

```html
<body>
    <div id="container">
        <div id="bar">
            <button id="btn">
                开始跑步
            </button>
            <div id="info">
                总时长: <span id="time">00:00:00</span>
            </div>
        </div>
    </div>
</body>
```

其中 id="container"的<div>元素用于显示电子地图，里面包含了 id="bar"的<div>元素用于显示开始与结束按钮和计时信息。由于总时长需要不断变化更新，因此将时间信息放在了 id="time"的<span>容器中，以便后续可以在 JavaScript 中调用更新。

在页面中使用了 CSS 内部样式表规定显示效果，相关 CSS 代码如下：

```css
<style>
    html, body {
        height: 100%;
        margin: 0px;
        padding: 0px
    }
    #container {
        width: 100%;
        height: 100%
    }
    #bar {
        position: relative;
        z-index: 99;
        left: 0%;
        top: 75%;
        text-align: center;
        vertical-align: middle;
        height: 25%;
        font-size: 1.2em;
        background-color: white;
    }
    #btn {
        position: relative;
        background-color: #00FD00;
        border: none;
        outline: none;
        width: 30%;
        margin-top: 25px;
        padding: 10px;
    }
    #info {
        margin: 10px;
        padding: 10px;
    }
</style>
```

当前的显示效果如图 7-6 所示。

此时由于尚未载入地图，因此只能看到按钮与总时长信息显示在页面的最下方。

7.2.2 开始与结束按钮的切换

由于使用同一个按钮表示运动的开始与结束，因此在 JavaScript 中首先声明自定义变量 status 用于标记当前的运动状态。相关 JavaScript 代码如下：

```
//标记当前的运动状态，初始值表示尚未开始运动
var status = "stop";
```

为按钮添加 onclick 事件，相关 HTML5 代码修改后如下：

```
<button id="btn" onclick="toggle()">
    开始跑步
</button>
```

图 7-6　页面设计效果图

在 JavaScript 中添加自定义函数 toggle()用于判断本次按钮的单击对应行为并执行，相关代码如下：

```
function toggle() {
    //当前为非运动状态
    if (status == "stop") {
        //更新状态为开始运动
        status = "start";
        //更新按钮显示的文字内容
        btn.innerHTML = "结束跑步";
        //开始实时更新地理位置
        start();
    } else if (status == "start") {
        //更新状态为停止运动
        status = "stop";
        //更新按钮显示的文字内容
        btn.innerHTML = "开始跑步";
        //停止地理位置的实时更新
        stop();
    }
}
```

上述代码中的 start()与 stop()均为自定义名称的 JavaScript 函数，分别用于启动和停止运动轨迹的绘制与计时功能。这两个函数的内容将在后面几节逐步完善，下一节将介绍如何绘制地图与运动轨迹。

7.2.3 绘制地图与运动轨迹

本节主要介绍运动轨迹追踪的相关功能，包括以下内容：
- 在页面上显示以当前坐标为中心的地图；
- 在地图上绘制运动轨迹。

1. 实时监控用户地理位置

可以使用 HTML5 地理定位 API 中的 watchPosition()方法来实时监控用户的地理位置。首先在 JavaScript 中声明变量 watchID 用于记录当前实时监听的 ID，相关代码如下：

```
//实时监听用户地理位置变化的ID
var watchID;
```

在 JavaScript 中添加 start()函数，用于开启对于地理位置的实时监听。相关代码如下：

```
//开始实时更新地理位置
function start() {
    //获取用户当前的定位信息
    navigator.geolocation.getCurrentPosition(showPosition);

    //开始实时更新地理位置信息
    watchID = navigator.geolocation.watchPosition(showPosition,showError,
    options);
}
```

上述代码将在按钮显示为"开始运动"按钮时单击被调用。

其中 watchPosition()方法的 3 个参数 showPosition、showError 和 options 的内容如下：

```
function showPosition(position) {
    //获取当前经纬度
    var lat = position.coords.latitude;
    var long = position.coords.longitude;
}

function showError(error) {
    switch(error.code) {
    case error.PERMISSION_DENIED:
        alert("用户拒绝了地理定位的请求。");
        break;
    case error.POSITION_UNAVAILABLE:
        alert("位置信息不可用。");
        break;
    case error.TIMEOUT:
        alert("请求超时。");
        break;
    case error.UNKNOWN_ERROR:
        alert("未知错误发生。");
        break;
    }
}

var options = {
    enableHighAccuracy : true,
    maximumAge : 2000,
    timeout : 2000
};
```

这里在 showPosition()函数中只获取了当前的经纬度数据，后续还需要对此部分内容进行修改和完善。

在 JavaScript 中添加 stop()函数，用于停止对于地理位置的实时监听。相关代码如下：

```
//停止地理位置的实时更新
function stop() {
    //停止地理位置信息的监听
    navigator.geolocation.clearWatch(watchID);
}
```

上述代码将在按钮显示为"完成运动"按钮时单击被调用。

2. 腾讯地图 API 的调用

目前市面上有多种定位服务 API 向开发者提供，例如百度地图、高德地图和腾讯地图。腾讯地图目前更名为腾讯位置服务，其中免费提供的 Web 地图接口可以适配手机及计算机端的浏览器，并且可以实现本项目所需的轨迹绘制功能。由于腾讯地图 API 的轨迹绘制功能为免费接口，无须申请账号和密钥即可在开发的页面中使用，因此这里使用腾讯地图的 JavaScript API 来实现地图与自定义形状线条的绘制。

首先需要在<head>首尾标签中加入调用腾讯地图 API 的语句，相关代码修改后如下：

```html
<head>
    <meta charset="utf-8">
    <title>记录运动轨迹</title>
    <meta name="viewport" content="width=device-width, initial-scale=
1.0, minimum-scale=1.0, maximum-scale=1.0, user-scalable=no" />
    <script charset="utf-8" src="http://map.qq.com/api/js?v= 2.exp">
</script>
</head>
```

通过上述语句可获得地图显示与绘制自定义形状功能接口，并且当前无须申请密钥。腾讯地图中关于地图绘制的语法格式如下：

```
var map = new qq.maps.Map(mapContainer, options);
```

其中变量名称 map 可以自定义，参数解释如下。

- mapContainer：该参数为必填内容，需要填入一个页面上的<div>元素对象用于绘制地图画面。
- options：该参数为可选内容，可以用于初始化地图的中心点坐标、放大级别等。

例如：

```
var map = new qq.maps.Map(document.getElementById("container"), {
    center : new qq.maps.LatLng(39.13455, 202.34524),
    zoom : 14
});
```

上述代码表示将地图绘制在 id="container"的<div>元素中，并且其中心点经纬度坐标为(39.13455, 202.34524)，放大级别为 14。

绘制运动轨迹的思路是使用数组记录每一次获取到的经纬度数据，然后利用腾讯地图中关于折线绘制的原理将坐标点相连即可形成运动轨迹画面。

腾讯地图中关于折线绘制的语法格式如下：

```
var polygon = new qq.maps.Polyline(polylineOptions);
```

其中 polylineOptions 表示一系列折线设置的参数，可使用的参数名称与参考值如表 7-1 所示。

表 7-1　腾讯地图 API 折线绘制参数 polylineOptions 的相关属性一览表

属性名称	类　型	解　释
clickable	Boolean	折线是否允许被单击。true 为可单击，false 为不可单击
cursor	String	鼠标悬浮在折线上的样式
editable	Boolean	多边形是否可编辑形状。true 为可编辑，false 为不可编辑
map	qq.maps.Map	用于绘制折线的地图
path	Array	1-*N* 个经纬度坐标构成的数组，表示折线的绘制路径
strokeColor	Color	折线线条的颜色，使用 CSS 中的任意一种颜色表示方法均可
strokeDashStyle	String	折线线条的样式，共有两种，solid 为实线；dash 为虚线
strokeWeight	Number	折线线条的宽度。数字越大，线条越宽
visible	Boolean	折线是否可见。true 为可见，false 为不可见
zIndex	Number	折线在页面上的 z-index 值

（来源：腾讯位置服务参考手册。）

例如：

```
path: [
      new qq.maps.LatLng(59.11, 202.15),
      new qq.maps.LatLng(59.12, 202.15),
      new qq.maps.LatLng(59.13, 202.15)
   ];
var polygon = new qq.maps.Polyline({
      map : map,
      path : path,
      //自定义轨迹颜色
      strokeColor : "#00FF00",
      //自定义轨迹宽度
      StrokeWeight : 10
});
```

上述代码表示将在包含地图画面的元素中绘制宽度为 10 像素的绿色实线运动轨迹。轨迹坐标点的来源为变量 path 数组中的 3 组经纬度数据，按照先后顺序连接形成完整轨迹。

在掌握了腾讯地图 API 关于运动轨迹绘制的基础部分语法后已经可以实现本项目中需要的功能，接下来将对项目中的 JavaScript 代码进行进一步补充。

首先在 JavaScript 中声明数组变量 path 用于存放实时监控获取到的每一次地理位置数据以及变量 center 用于记录当前的地图中心点坐标。相关代码如下：

```
//用于记录运行轨迹一系列坐标点的数组
var path = [];
//地图中心点坐标
var center;
```

修改 showPosition()函数，将每次获取到的经纬度数据存放在 path 数组中。相关 JavaScript 代码修改后如下：

```
function showPosition(position) {
    //获取当前经纬度
    var lat = position.coords.latitude;
```

```
        var long = position.coords.longitude;
        //重置地图中心点坐标位置
        center = new qq.maps.LatLng(lat, long);
        //更新path数组，添加当前经纬度坐标
path.push(new qq.maps.LatLng(lat, long));
}
```

上述代码表示每次获取到最新的经纬度数据后都将转换为腾讯地图 API 中的 qq.maps.LatLng 格式坐标，并且将该坐标对象添加到 path 数组中。

在 JavaScript 中声明自定义名称的 drawMap()方法用于绘制地图和运动轨迹。

JavaScript 中 drawMap()方法的完整代码如下：

```
//绘制地图与运动轨迹
function drawMap() {
    var map = new qq.maps.Map(document.getElementById("container"), {
        //地图的中心地理坐标
        center : center,
        zoom : 14
    });

    //设置轨迹样式
    var polygon = new qq.maps.Polyline({
        map : map,
        path : path,
        //自定义轨迹颜色
        strokeColor : "#00FF00",
        //自定义轨迹宽度
        StrokeWeight : 10
    });
}
```

上述代码表示地图将绘制在 id="container"的<div>元素中，并且其中心点经纬度坐标为实时获取的最新坐标位置，地图放大级别为 14。在地图上绘制的轨迹折线为线宽为 10 像素的绿色线条。

最后在实时更新函数 showPosition()中添加 drawMap()方法，表示每当获取到最新的经纬度就在地图上重新绘制运动轨迹。相关 JavaScript 代码修改后如下：

```
function showPosition(position) {
    //获取当前经纬度
    var lat = position.coords.latitude;
    var long = position.coords.longitude;
    //重置地图中心点坐标位置
    center = new qq.maps.LatLng(lat, long);
    //更新path数组，添加当前经纬度坐标
    path.push(new qq.maps.LatLng(lat, long));
    //绘制地图
    drawMap();
}
```

此时运动轨迹绘制的功能已经实现，运行效果如图 7-7 所示。

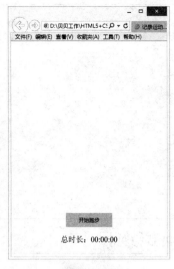

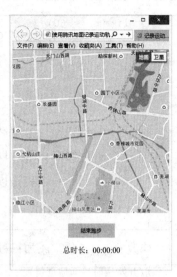

| （a）页面初始加载效果 | （b）开始运动效果 | （c）完成记录页面效果 |

图 7-7　开始与结束按钮的切换效果

7.2.4　计时功能的实现

本节主要介绍计时功能的实现。当用户单击"开始跑步"按钮后计时开始，页面最下方的时间会每秒递增，直到用户单击了"结束跑步"按钮计时停止，页面显示总时长并且不再继续变化。

首先对计时功能进行一些初始化工作：获取用于显示时间的<span>对象，初始化时、分、秒数值为 0，声明计时器用于每秒更新计时数据。相关 JavaScript 代码如下：

```
//获取时间显示对象
var time = document.getElementById("time");
//计时使用的时、分、秒
var h = 0;
var m = 0;
var s = 0;
//计时器用于计算运动总时长
var timer;
```

在 JavaScript 中自定义函数 startTime()用于每秒更新计时信息，相关代码如下：

```
//获取当前时间
function startTime() {
    //将时、分、秒转换为整数以便进行自增或赋值
    s = parseInt(s);
    m = parseInt(m);
    h = parseInt(h);

    //每秒变量s先自增1
    s++;
    if (s == 60) {
        //如果秒已经达到60，则归0
        s = 0;
        //分钟自增1
        m++;
```

```
    if (m == 60) {
        //如果分钟也达到60，则归0
        m = 0;
        //小时自增1
        h++;
    }

    if (h < 10)
        h = "0" + h;//以确保0～9时也显示成两位数
    if (m < 10)
        m = "0" + m;//以确保0～9分钟也显示成两位数
    if (s < 10)
        s = "0" + s;//以确保0～9秒也显示成两位数

    time.innerHTML = h + ":" + m + ":" + s;
}
```

修改 stop()函数，添加每秒更新计时功能。相关 JavaScript 代码如下：

```
//开始实时更新地理位置
function start() {
    //重置时、分、秒
    h = 0,
    m = 0,
    s = 0;
    //每秒更新一次时间
    timer = setInterval("startTime()", 1000);
}
```

修改 stop()函数，添加清除计时器功能。相关 JavaScript 代码如下：

```
//停止地理位置的实时更新
function stop() {
    navigator.geolocation.clearWatch(watchID);
    //清除计时器
    clearInterval(timer);
}
```

此时本项目已全部完成，运行效果如图 7-8 所示。

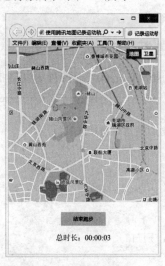

（a）页面初始加载效果　　　　（b）开始运动效果　　　　（c）完成记录页面效果

图 7-8　计时与运动轨迹绘制效果图

7.2.5 完整代码展示

HTML5 完整代码如下:

```
1.    <!DOCTYPE html>
2.    <html>
3.        <head>
4.            <meta charset="utf-8">
5.            <title>记录运动轨迹</title>
6.            <meta name="viewport" content="width=device-width, initial-
      scale=1.0, minimum-scale=1.0, maximum-scale=1.0,user-scalable=no"/>
7.            <scriptcharset="utf-8"src="http://map.qq.com/api/js?v=2.exp">
      </script>
8.            <style>
9.                html, body {
10.                   height: 100%;
11.                   margin: 0px;
12.                   padding: 0px
13.               }
14.               #container {
15.                   width: 100%;
16.                   height: 100%
17.               }
18.               #bar {
19.                   position: relative;
20.                   z-index: 99;
21.                   left: 0%;
22.                   top: 75%;
23.                   text-align: center;
24.                   vertical-align: middle;
25.                   height: 25%;
26.                   font-size: 1.2em;
27.                   background-color: white;
28.               }
29.               #btn {
30.                   position: relative;
31.                   background-color: #00FD00;
32.                   border: none;
33.                   outline: none;
34.                   width: 30%;
35.                   margin-top: 25px;
36.                   padding: 10px;
37.               }
38.               #info {
39.                   margin: 10px;
40.                   padding: 10px;
41.               }
42.           </style>
43.       </head>
44.       <body>
45.           <div id="container">
46.               <div id="bar">
47.                   <button id="btn" onclick="toggle()">
48.                       开始跑步
49.                   </button>
50.                   <div id="info">
51.                       总时长: <span id="time">00:00:00</span>
52.                   </div>
```

154

```
53.                </div>
54.          </div>
55.          <script>
56.                //标记当前运动状态，初始值表示尚未开始运动
57.                var status = "stop";
58.                //获取按钮对象
59.                var btn = document.getElementById("btn");
60.                //获取时间显示对象
61.                var time = document.getElementById("time");
62.                //计时使用的时、分、秒
63.                var h = 0;
64.                var m = 0;
65.                var s = 0;
66.                //用于记录运行轨迹一系列坐标点的数组
67.                var path = [];
68.                //地图中心点坐标
69.                var center;
70.                //计时器用于计算运动总时长
71.                var timer;
72.                //实时监听用户地理位置变化的ID
73.                var watchID;
74.
75.                function toggle() {
76.                    //当前为非运动状态
77.                    if (status == "stop") {
78.                        //更新状态为开始运动
79.                        status = "start";
80.                        //更新按钮显示的文字内容
81.                        btn.innerHTML = "结束跑步";
82.                        //开始实时更新地理位置
83.                        start();
84.                    } else if (status == "start") {
85.                        //更新状态为停止运动
86.                        status = "stop";
87.                        //更新按钮显示的文字内容
88.                        btn.innerHTML = "开始跑步";
89.                        //停止地理位置的实时更新
90.                        stop();
91.                    }
92.                }
93.
94.                //开始实时更新地理位置
95.                function start() {
96.                    //清空path数组中的原有数据
97.                    path = [];
98.                    //重置时、分、秒
99.                    h = 0,
100.                   m = 0,
101.                   s = 0;
102.                   //每秒更新一次时间
103.                   timer = setInterval("startTime()", 1000);
104.                   //获取用户当前的定位信息
105.                   navigator.geolocation.getCurrentPosition(showPosition);
106.
107.                   //开始实时更新地理位置信息
108.                   watchID= navigator.geolocation.watchPosition (showPosition,
```

```
                        showError, options);
109.                    }
110.
111.               //停止地理位置的实时更新
112.               function stop() {
113.                   //停止地理位置信息的监听
114.                   navigator.geolocation.clearWatch(watchID);
115.                   //清除计时器
116.                   clearInterval(timer);
117.               }
118.
119.               function showPosition(position) {
120.                   //获取当前经纬度
121.                   var lat = position.coords.latitude;
122.                   var long = position.coords.longitude;
123.                   //重置地图中心点坐标位置
124.                   center = new qq.maps.LatLng(lat, long);
125.                   //更新path数组，添加当前经纬度坐标
126.                   path.push(new qq.maps.LatLng(lat, long));
127.                   //绘制地图
128.                   drawMap();
129.               }
130.
131.               function showError(error) {
132.                   switch(error.code) {
133.                   case error.PERMISSION_DENIED:
134.                       alert("用户拒绝了地理定位的请求。");
135.                       break;
136.                   case error.POSITION_UNAVAILABLE:
137.                       alert("位置信息不可用。");
138.                       break;
139.                   case error.TIMEOUT:
140.                       alert("请求超时。");
141.
142.                       break;
143.                   case error.UNKNOWN_ERROR:
144.                       alert("未知错误发生。");
145.                       break;
146.                   }
147.               }
148.
149.               var options = {
150.                   enableHighAccuracy : true,
151.                   maximumAge : 2000,
152.                   timeout : 2000
153.               };
154.
155.               //绘制地图与运动轨迹
156.               function drawMap() {
157.                   var map = new qq.maps.Map(document. getElement ById
      ("container"), {
158.                       //地图的中心地理坐标
159.                       center : center,
160.                       zoom : 14
161.                   });
162.
163.                   //设置轨迹样式
164.                   var polygon = new qq.maps.Polyline({
```

```
165.                    map : map,
166.                    path : path,
167.                    //自定义轨迹颜色
168.                    strokeColor : "#00FF00",
169.                    //自定义轨迹宽度
170.                    StrokeWeight : 10
171.                });
172.            }
173.
174.            //获取当前时间
175.            function startTime() {
176.                //将时、分、秒转换为整数以便进行自增或赋值
177.                s = parseInt(s);
178.                m = parseInt(m);
179.                h = parseInt(h);
180.
181.                //每秒变量s先自增1
182.                s++;
183.                if (s == 60) {
184.                    //如果秒已经达到60，则归0
185.                    s = 0;
186.                    //分钟自增1
187.                    m++;
188.                }
189.                if (m == 60) {
190.                    //如果分钟也达到60，则归0
191.                    m = 0;
192.                    //小时自增1
193.                    h++;
194.                }
195.
196.                if (h < 10)
197.                    h = "0" + h;
198.                //以确保0～9时也显示成两位数
199.                if (m < 10)
200.                    m = "0" + m;
201.                //以确保0～9分钟也显示成两位数
202.                if (s < 10)
203.                    s = "0" + s;
204.                //以确保0～9秒也显示成两位数
205.
206.                time.innerHTML = h + ":" + m + ":" + s;
207.            }
208.        </script>
209.    </body>
210. </html>
```

第 8 章　HTML5 Web 存储 API 项目

本章主要包含了两个基于 HTML5 Web 存储 API 的应用设计实例，一是基于 HTML5 Web 存储 API 的网页主题切换的设计与实现，二是基于 HTML5 Web 存储 API 的网页日志本的设计与实现。在网页主题切换项目中，主要难点为如何即时重置网页主题颜色以及使用 localStorage 的存储与读取技术；在网页日志本项目中，主要难点为使用 localStorage 的存储与读取技术实现日志的保存、读取和删除功能。

本章学习目标：
- 学习如何综合应用 HTML5 Web 存储 API、CSS 与 JavaScript 开发网页主题切换项目；
- 学习如何综合应用 HTML5 Web 存储 API、CSS 与 JavaScript 开发网页日志本项目。

8.1　基于 Web 存储技术的网页主题设置

【例 8-1】　基于 Web 存储技术的网页主题切换设置

功能要求：使用 Web 存储中的 localStorage 技术可以把用户对用网页主题样式设置的内容永久存储下来。本例将实现一个网页设置页面，用户可以自定义页面的主题颜色与字体风格并将其存储在 localStorage 中，当重新加载该页面时会显示上一次保存的样式要求。

运行效果如图 8-1 所示。

　　　（a）页面首次加载效果　　　　　　　　　　（b）保存并更新颜色设置效果

图 8-1　更新页面主题颜色的效果

8.1.1　界面设计

本节主要介绍网页的界面布局设计，包含使用 HTML5 新增的文档结构标签架构整个页面布局，以及使用<select>标签制作下拉菜单选项。

1. 使用 HTML5 新增的文档结构标签制作整个网页布局

在页面的<body>首尾标签中使用<header>、<div id="container">和<footer>标签划分出页眉、主体与页脚部分，并分别使用标题标签<h1>和<h2>在页眉与页脚中填写标题。相关 HTML5 代码如下：

```
<body>
        <header>
            <h1>HTML5 Web存储示例</h1>
        </header>
        <div id="container"></div>
        <footer>
            <h2>Copyright&copy;: ZWJ 2016-2020 All Rights Reserved.</h2>
        </footer>
</body>
```

此时还需要 CSS 文件辅助渲染样式，因此在本地 css 文件夹中创建 style.css 文件，并在<head>首尾标签中声明对 CSS 文件的引用。相关 HTML5 代码片段如下：

```
<head>
    <meta charset="utf-8" >
    <title>HTML5 Web存储示例</title>
    <link rel="stylesheet" href="css/style.css">
</head>
```

在 CSS 文件中为页面设置初始样式，主要内容如下。

- 网页主体：页面背景颜色为灰色，文本居中显示，最大宽度为 900 像素。
- 页眉：背景颜色为橙色，字体颜色为白色，各边的内边距为 30 像素，上外边距为 20 像素。其中<h1>标题的字体大小为 40 像素，各边的外边距为 0 像素。
- 页脚：背景颜色为橙色，字体颜色为白色，各边的内边距为 15 像素。其中<h2>标题的字体大小为 14 像素。

相关 CSS 代码如下：

```
/*整体样式设置*/
body {
    background-color: #CCCCCC;
    margin: 0px auto;
    max-width: 900px;
    text-align: center;
}
header, footer {
    background-color: orange;
    color: #FFFFFF;
    text-align: center;
}
header{
    padding:30px;
    margin-top: 20px;
}
header h1 {
    font-size: 40px;
    margin: 0px;
}
footer{
```

```
        padding:15px;
}
footer h2 {
        font-size: 14px;
}
```

此时还需要进一步添加页面的设置内容，即用于提供自定义页面主题颜色的样式选项。

2. 设置用户自定义页面颜色的区域布局

在 id="container"的<div>中使用<section>、<article>、<header>和<footer>标签划分出段落的页眉、主体与页脚部分。相关 HTML5 代码片段修改后如下：

```
<div id="container">
    <section>
        <article>
            <header>
                <h1>页面设置</h1>
            </header>
            <footer></footer>
        </article>
    </section>
</div>
```

在段落的页眉和页脚之间加入下拉菜单选项和"保存并设置"按钮，用于提供不同颜色的网页样式选项，并且用户在选择后可以单击"保存并设置"按钮记录当前的设置要求。相关 HTML5 代码片段修改后如下：

```
<div id="container">
    <section>
        <article>
            <header>
                <h1>页面设置</h1>
            </header>
            <div>
                主题颜色：
                <select>
                    <option value="red">红色</option>
                    <option value="orange">橙色</option>
                    <option value="yellow">黄色</option>
                    <option value="green">绿色</option>
                    <option value="blue">蓝色</option>
                    <option value="purple">紫色</option>
                </select>
            </div>
            <button>保存并设置</button>
            <footer></footer>
        </article>
    </section>
</div>
```

在 CSS 文件中为用户自定义颜色区域定义初始样式，主要内容如下。

- <div>元素：背景颜色为白色。
- <section>元素：宽度为 60%，各边的内边距为 30 像素，外边距设置为 auto，以便

159

居中显示。

- <article>元素：背景颜色为浅灰色，各边的内边距为 10 像素。其中的页眉、页脚各边的内边距为 5 像素，标题<h1>的字体大小为 18 像素。
- <select>和<button>元素：各边的外边距为 10 像素，字体大小为 16 像素。

相关 CSS 代码如下：

```
/*<div id="container">的内部样式设置*/
#container {
    background-color: #FFF;
}
section {
    width: 60%;
    padding: 30px;
    margin:auto;
}
article {
    background-color: #EEE;
    padding: 10px;
}
article header, article footer {
    padding: 5px;
}
article h1 {
    font-size: 18px;
}
select, button {
    margin: 10px;
    font-size: 16px;
}
```

此时页面布局就全部完成了，运行效果如图 8-2 所示。

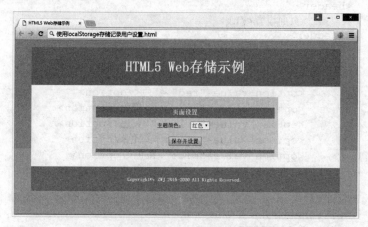

图 8-2　网页日志本的界面设计效果图

由图 8-2 可见，当前网页主题颜色为橙色效果。下一节将介绍如何根据下拉菜单选项保存并更新页面颜色。

8.1.2　重置网页主题颜色的实现

当用户在下拉菜单列表中选择了新的主题颜色后，单击"保存并设置"按钮将当前设置信息保存在 localStorage 中，并且实时更新页面样式。

在页面中为下拉菜单元素<select>添加 id="colorSelector"，以便可以在 JavaScript 中获取其中的选项值。相关 HTML5 代码片段修改后如下：

```
<div id="container">
                    ...
                    主题颜色：
                    <select id="colorSelector">
                              ...
                    </select>
            ...
</div>
```

在 JavaScript 中首先使用 getElementsByTagName()函数获取页面上所有的页眉、页脚对象等待更新颜色，并且声明变量 bgColor 用于记录当前页面的主题颜色。相关 JavaScript 代码如下：

```
var x = document.getElementsByTagName("header");
var y = document.getElementsByTagName("footer");
var bgColor;
```

在 JavaScript 中创建自定义函数 saveSettings()用于保存当前用户选择的主题颜色。相关 JavaScript 代码如下：

```
//保存当前设置内容
function saveSettings() {
        //获取当前下拉菜单中的颜色
        bgColor = document.getElementById("colorSelector").value;
        //在localStorage中保存当前颜色
        localStorage.setItem('bgColor', bgColor);
        //在页面上更新颜色样式
        showColor();
}
```

上述代码首先获取了 id="colorSelector"的<select>元素中的选项值，然后使用 setItem()方法将其保存到 localStorage 中，该方法保存的数据不会随着浏览器关闭而丢失。由于更新颜色样式的代码片段在后续刷新页面时还会被使用，因此将这段内容另外保存到自定义函数 showColor()中进行调用。

在 JavaScript 中创建自定义函数 showColor()用于实时更新页面上全部页眉、页脚的颜色。相关 JavaScript 代码如下：

```
//实时更新颜色样式
function showColor() {
        for (var i = 0; i < x.length; i++) {
            x[i].style.backgroundColor = bgColor;
            y[i].style.backgroundColor = bgColor;
        }
}
```

上述代码使用了 for 循环语句遍历所有的页眉、页脚，并依次将其中的页眉、页脚的 backgroundColor 属性更新为当前 bgColor 指代的颜色。由于本例中的页眉、页脚都是成对出现的，因此数量相同，任意循环 x.length 或 y.length 次均可。

最后需要将 saveSettings()添加到按钮<button>的 onclick 事件中，以便在用户单击按钮时触发保存设置的动作。修改后的 HTML5 片段如下：

```html
<div id="container">
        ...
                <button onclick="saveSettings()">保存并设置</button>
        ...
</div>
```

此时保存并更新页面主题颜色的功能已全部实现，运行效果如图 8-3 所示。

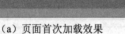

（a）页面首次加载效果

（b）保存并更新颜色设置效果

图 8-3   更新页面主题颜色的效果

由图 8-3 可见，页面首次加载时的主题颜色为橙色效果，当从下拉菜单中选择了其他颜色保存时页面会自动更新样式。下一节将介绍如何根据历史记录显示自定义的页面颜色。

8.1.3   加载网页主题颜色的实现

在 JavaScript 中创建自定义函数 loadSettings()用于加载上一次记录的主题颜色。相关 JavaScript 代码如下：

```javascript
//加载历史设置
function loadSettings() {
    //获取localStorage中保存的颜色数据
    bgColor = localStorage.getItem('bgColor');
    if (bgColor != null) {
        showColor();
    }
}
```

在<body>标签中添加 onload 事件，表示当页面加载完毕时调用 loadSettings()方法立刻更新页面颜色。如果没有历史数据，则继续显示初始颜色。相关 HTML5 片段修改后如下：

```html
<body onload="loadSettings()">
    ...
</body>
```

重新加载页面时会自动更新主题颜色的功能已全部实现，运行效果如图 8-4 所示。

 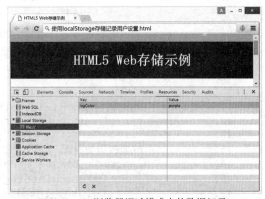

（a）页面第 2 次加载效果 　　　　（b）Google 浏览器调试模式中的数据记录

图 8-4　页面主题颜色自动加载效果

由图 8-4 可见，网页重新加载时显示的页眉、页脚背景颜色为紫色，说明历史记录颜色成功地被读取出来并显示在了页面上。至此所有功能已全部实现。

8.1.4　完整代码展示

HTML5 文件代码如下：

```
1.<!DOCTYPE html>
2.<html>
3.    <head>
4.        <meta charset="utf-8" >
5.        <title>HTML5 Web存储示例</title>
6.        <link rel="stylesheet" href="css/style.css">
7.    </head>
8.    <body onload="loadSettings()">
9.        <header>
10.            <h1>HTML5 Web存储示例</h1>
11.        </header>
12.        <div id="container">
13.            <section>
14.                <article>
15.                    <header>
16.                        <h1>页面设置</h1>
17.                    </header>
18.                    <div>
19.                        主题颜色：
20.                        <select id="colorSelector">
21.                            <option value="red">红色</option>
22.                            <option value="orange">橙色</option>
23.                            <option value="yellow">黄色</option>
24.                            <option value="green">绿色</option>
25.                            <option value="blue">蓝色</option>
26.                            <option value="purple">紫色</option>
27.                        </select>
28.                    </div>
29.                    <button onclick="saveSettings()">
30.                        保存并设置
```

```
31.                     </button>
32.                     <footer></footer>
33.                 </article>
34.             </section>
35.     </div>
36.     <footer>
37.         <h2>Copyright&copy;: ZWJ 2016-2020 All Rights Reserved.</h2>
38.     </footer>
39.     <script>
40.         var x = document.getElementsByTagName("header");
41.         var y = document.getElementsByTagName("footer");
42.         var bgColor;
43.         //加载历史设置
44.         function loadSettings() {
45.             //获取localStorage中保存的颜色数据
46.             bgColor = localStorage.getItem('bgColor');
47.             if (bgColor != null) {
48.                 showColor();
49.             }
50.         }
51.         //保存当前设置内容
52.         function saveSettings() {
53.             //获取当前下拉菜单中的颜色
54.           bgColor = document.getElementById("colorSelector").value;
55.             //在localStorage中保存当前颜色
56.             localStorage.setItem('bgColor', bgColor);
57.             //在页面上更新颜色样式
58.             showColor();
59.         }
60.         //实时更新颜色样式
61.         function showColor() {
62.             for (var i = 0; i < x.length; i++) {
63.                 x[i].style.backgroundColor = bgColor;
64.                 y[i].style.backgroundColor = bgColor;
65.             }
66.         }
67.     </script>
68.   </body>
69.</html>
```

CSS 文件代码如下：

```
1./*整体样式设置*/
2.body {
3.    background-color: #CCCCCC;
4.    margin: 0px auto;
5.    max-width: 900px;
6.    text-align: center;
7.}
8.header, footer {
9.    background-color: orange;
10.   color: #FFFFFF;
11.}
12.header{
13.   padding:30px;
14.    margin-top: 20px;
15.}
16.header h1 {
```

```
17.    font-size: 40px;
18.    margin: 0px;
19.}
20.footer{
21.   padding:15px;
22.}
23.footer h2 {
24.    font-size: 14px;
25.}
26./*<div id="container">的内部样式设置*/
27.#container {
28.    background-color: #FFF;
29.}
30.section {
31.    width: 60%;
32.    padding: 30px;
33.   margin:auto;
34.}
35.article {
36.    background-color: #EEE;
37.    padding: 10px;
38.}
39.article header, article footer {
40.    padding: 5px;
41.}
42.article h1 {
43.    font-size: 18px;
44.}
45.select, button {
46.    margin: 10px;
47.    font-size: 16px;
48.}
```

8.2 基于 Web 存储技术的网页日志本

【例8-2】 基于 Web 存储技术制作网页日志本

功能要求：使用 Web 存储中的 localStorage 技术可以把用户记录的日志永久存储下来。本例将实现一个单页面的日志本，包括添加、删除指定日期的日志和清空全部日志 3 个功能。效果如图 8-5 所示。

8.2.1 界面设计

本节主要介绍网页日志本的页面布局，包括日志记录区域、功能按钮以及历史日志显示区域 3 个部分。

1. 使用<div>标签划分区域

可以使用块级标签<div>区分两个不同的版块：①记日志的文本框和相关按钮；②用于显示日志历史记录。相关 HTML5 代码片段如下：

图 8-5 基于 Web 存储技术的网页日志本效果图

```
<body>
<h3>我的日志本</h3>
<!--记日志的文本框和相关按钮-->
<div></div>
<!--显示日志历史记录-->
<div></div>
</body>
```

此时还需要 CSS 文件辅助渲染样式，因此在本地 css 文件夹中创建 diary.css 文件，并在<head>首尾标签中声明对 CSS 文件的引用。相关 HTML5 代码片段如下：

```
<head>
<meta charset="utf-8" >
<title>我的日志本</title>
<link rel="stylesheet" href="css/diary.css">
</head>
```

在 CSS 文件中为<div>标签和页面标题<h3>标签预设统一样式：上、下边距为 10 像素，左、右边距为 auto，并且文本居中显示。相关 CSS 代码片段如下：

```
div, h3{
    margin:10px auto;
    text-align:center;
}
```

目前尚未在各个<div>首尾标签之间填充内容，因此在网页上浏览没有实际效果，需等待后续补充。

2. 使用<textarea>标签制作日志记录框

可以使用 HTML5 表单的<textarea>标签制作日志记录框。相关 HTML5 代码片段如下：

```
<!--日志记录框-->
<textarea></textarea>
```

在 CSS 文件中为<textarea>标签设置统一样式：宽 95%、高 200 像素，文本首行缩进两个字符，文字对齐方式为左对齐。相关 CSS 代码片段如下：

```
textarea{
    width:95%;
    height:200px;
    text-indent:2em;
    text-align:left;
}
```

3. 使用<button>标签制作"保存日志"和"删除全部日志"按钮

使用<button>标签创建"保存日志"按钮和"删除全部日志"按钮。相关 HTML5 代码片段如下：

```
<!--保存和删除按钮-->
<button>保存日志</button>
<button>删除全部日志</button>
```

在 CSS 文件中为<button>标签设置统一样式：宽 150 像素、高 30 像素，上、下边距为 10 像素。相关 CSS 代码片段如下：

```
button{
    width:150px;
    height:30px;
    margin:10px 0;
}
```

4. 使用<table>标签制作日志历史记录

使用<table>标签创建日志历史记录栏目，并使用<th>标签预先设置好栏目标题。相关HTML5 代码片段如下：

```
<!--显示日志历史记录-->
<div>
<table border="1">
<caption>历史记录</caption>
<tr><th>序号</th><th>日志内容</th><th>保存时间</th><th>操作</th></tr>
<tbody></tbody>
</table>
</div>
```

在 CSS 文件中为<table>标签设置样式：宽 95%，边距为 auto，以便实现居中效果；为单元格<td>标签设置统一样式：文本水平方向左对齐、垂直方向居中显示。相关 CSS 代码片段如下：

```
table{
    width:95%;
    margin:auto;
}
td{
    text-align:left;
    vertical-align:center;
}
```

此时界面设计部分就全部完成了，运行后在浏览器中显示的效果如图 8-6 所示。

图 8-6　网页日志本的界面设计效果图

8.2.2　读取日志功能的实现

当浏览器打开或者刷新时需要在"历史记录"的表格中显示以往的日志内容与记录时间。为<body>标签添加 onload="getHistory()"事件,以便快速更新历史记录。其中 getHistory()方法的名称可自定义,该函数需要在 JavaScript 中声明。

为<body>标签添加 onload 事件后的相关 HTML5 代码片段如下:

```
<body onload="getHistory()">
```

此时需要设计 getHistory()函数的相关 JavaScript 代码以便动态显示日志的历史记录。在本地 js 文件夹中创建 diary.js 文件,并在<head>首尾标签中声明对该 JS 文件的引用。修改后的相关 HTML5 代码片段如下:

```
<head>
<meta charset="utf-8" >
<title>我的日志本</title>
<link rel="stylesheet" href="css/diary.css">
<script src="js/diary.js"></script>
</head>
```

为表格的主体标签<tbody>设置 id="history",以便可以在 JavaScript 中获取表格主体对象,然后在其内部单元格中动态添加日志内容。修改后的 HTML5 代码片段如下:

```
<!--显示日志历史记录-->
<div>
<table border="1">
<caption>历史记录</caption>
<tr><th>序号</th><th>日志内容</th><th>保存时间</th><th>操作</th></tr>
<tbody id="history"></tbody>
</table>
</div>
```

在 JavaScript 中声明 getHistory()方法,用于读取 localStorage 中已存储的所有日志记录。可以使用 localStorage 的 length 属性先获取已保存的日志数量,然后使用 for 循环语句遍历每条日志记录,并将其显示到表格的单元格中。

相关 JavaScript 代码片段如下:

```
//获取所有历史记录
function getHistory(){
    //获取在localStorage中保存的日志个数
    var length = localStorage.length;
    //获取表格主体部分tbody对象
    var table = document.getElementById("history");
    //清空表格内容
    table.innerHTML = "";

    //遍历日志的历史记录
    for(var i=0;i<length;i++){
        //获取键名称
        var key = localStorage.key(i);
        var date = new Date();
```

```
                date.setTime(key);

                //获取日志记录时间的本地格式
                var time = date.toLocaleString();

                //根据时间戳获取日志内容
                var content = localStorage.getItem(key);

                //创建表格主体中的一行
                var row = table.insertRow(i);
                //插入第1个单元格，文本内容为序号
                row.insertCell(0).innerHTML = i+1;
                //插入第2个单元格，文本内容为日志内容
                row.insertCell(1).innerHTML = content;
                //插入第3个单元格，文本内容为日志记录的时间
                row.insertCell(2).innerHTML = time;
                //插入第4个单元格，内容为"删除"按钮
                row.insertCell(3).innerHTML = '<button">删除</button>';
            }
    }
```

其中 document.getElementById("history")是用于获取历史记录表格的<tbody>主体对象，并使用 innerHTML 属性清空表格主体部分的内容。

在使用 for 循环对日志历史数据进行遍历时使用了 localStorage.key(i)方法获取每一条日志数据的键名称，然后根据键名称使用了 localStorage.getItem(key)获取到日志的文本内容。由于此时键名称 key 是时间戳的文本内容，为了使其在表格中显示为正常的本地时间文本格式，先声明了一个 Date 类型的对象，然后使用 setTime(key)方法将时间戳转换为具体的时间日期，再用 toLocaleString()显示为正常的文本内容。

8.2.3 保存日志功能的实现

为"保存日志"按钮提供单击事件 onclick="saveDiary()"，其中 saveDiary()方法名称可自定义，该函数需要在 JavaScript 中声明。

"保存日志"按钮添加单击事件后的相关 HTML5 代码片段如下：

```
<button onclick="saveDiary()">保存日志</button>
```

为文本框<textarea>标签设置 id="diary"，以便可以在 JavaScript 中获取日志的内容，然后将其保存在 localStorage 数据中。修改后的 HTML5 代码片段如下：

```
<!--日志记录框-->
<textarea id="diary"></textarea>
```

在 JavaScript 中声明 saveDiary()方法，用于读取文本框中的日志内容并使用 localStorage进行存储。为了区分不同日期和时间所记录的日志，使用当前日期时间转换成的时间戳作为保存的键名称。

相关 JavaScript 代码片段如下：

```
//保存日志内容
function saveDiary(){
```

```
        //获取文本框中的日志内容
        var content = document.getElementById("diary").value;
        //获取当前日期和时间
        var today = new Date();
        //将当前日期时间转换为时间戳
        var key = today.getTime();

        //以时间戳为key名称保存当前日志
        localStorage.setItem(key,content);
        alert("日志已保存！");

        //清空文本框中的日志，等待下一次记录
        document.getElementById("diary").value = "";

        //重新加载日志的历史记录
        getHistory();
    }
```

其中 document.getElementById("diary").value 用于获取 id="diary"的文本框<textarea>里面的日志内容。单击"保存日志"按钮后除了需要清空文本框外还需要更新历史记录的表格内容，因此在 saveDiary()方法的最后一句调用了上面实现的 getHistory()方法，用于更新日志的历史记录。

8.2.4　删除日志功能的实现

本节分别介绍两种功能的实现方法：一是删除指定日期和时间的单个日志记录；二是直接删除全部的日志记录。

1．删除单个记录功能的实现

单个记录删除按钮是在历史记录表格中动态生成的，相关代码在 JavaScript 文件的 getHistory()方法中，因此需要在 JavaScript 中找到对应的语句，然后为"删除"按钮提供自定义的单击事件 onclick="delDiary(key)"，其中参数 key 需要替换成指定删除的那条日志对应的时间戳。同样该函数需要在 JavaScript 中声明。

"删除"按钮添加单击事件后的相关 JavaScript 代码片段如下：

```
//插入第4个单元格，内容为"删除"按钮
row.insertCell(3).innerHTML = '<button onclick="delDiary('+key+')">删除
</button>';
```

由于每条日志都有对应的时间戳，因此时间戳使用 getHistory()方法中获取到的当前日志时间戳变量 key 表示。变量 key 不能写在引号内部，因此用单引号断开并使用加号连接前后内容。

在 JavaScript 中声明 delDiary(key)方法，用于删除指定键名称为 key 的日志记录，可直接调用 localStorage 的 removeItem(key)方法完成该功能。

相关 JavaScript 代码片段如下：

```
//删除指定日志
function delDiary(key){
    //根据key名称删除对应的数据记录
    localStorage.removeItem(key);
```

```
        alert("本条日志已删除！");

        //重新加载日志的历史记录
        getHistory();
    }
```

单击"删除"按钮后除了在 localStorage 中清空指定的数据外还需要更新历史记录的表格内容，因此在 delDiary(key)方法的最后一句调用了前面已实现的 getHistory()方法，用于更新日志的历史记录。

2．删除全部记录功能的实现

为"删除全部日志"按钮提供单击事件 onclick="clearDiary()"，其中 clearDiary()方法名称可自定义，该函数需要在 JavaScript 中声明。

"删除全部日志"按钮添加单击事件后的相关 HTML5 代码片段如下：

```
<button onclick="clearDiary()">删除全部日志</button>
```

在 JavaScript 中声明 clearDiary()方法，用于清空所有的日志记录，可直接调用 localStorage 的 clear()方法完成该功能。

相关 JavaScript 代码片段如下：

```
//删除全部日志
function clearDiary(){
    //清空所有日志记录
    localStorage.clear();
    alert("日志已全部删除！");

    //重新加载日志的历史记录
    getHistory();
}
```

单击"删除全部日志"按钮后除了在 localStorage 中清空数据外还需要更新历史记录的表格内容，因此在 clearDiary()方法的最后一句调用了前面已实现的 getHistory()方法，用于更新日志的历史记录。此时整个项目已经全部完成。

8.2.5 完整代码展示

HTML5 完整代码如下：

```
1.    <!DOCTYPE html>
2.    <html>
3.      <head>
4.        <meta charset="utf-8" >
5.        <title>HTML5 Web存储示例</title>
6.        <link rel="stylesheet" href="css/diary.css">
7.        <script src="js/diary.js"></script>
8.      </head>
9.      <body onload="getHistory()">
10.       <h3>我的日志本</h3>
11.       <div>
12.         <h4>开始写日志</h4>
13.         <textarea id="diary"></textarea>
14.         <br />
```

```
15.            <button onclick="saveDiary()">
16.                保存日志
17.            </button>
18.            <button onclick="clearDiary()">
19.                删除全部日志
20.            </button>
21.        </div>
22.        <div>
23.            <table border="1">
24.                <caption>
25.                    历史记录
26.                </caption>
27.                <tr>
28.                    <th>序号</th><th>日志内容</th><th>保存时间</th><th>操作</th>
29.                </tr>
30.                <tbody id="history"></tbody>
31.            </table>
32.        </div>
33.    </body>
34. </html>
```

CSS 文件 diary.css 的完整代码如下：

```
1.     /*div与标题h3样式*/
2.     div, h3{
3.         margin:10px auto;
4.         text-align:center;
5.     }
6.     /*文本输入框样式*/
7.     textarea{
8.         width:95%;
9.         height:200px;
10.        text-indent:2em;
11.        text-align:left;
12.    }
13.    /*按钮样式*/
14.    button{
15.        width:150px;
16.        height:30px;
17.        margin:10px 0;
18.    }
19.    /*表格总体样式*/
20.    table{
21.        width:95%;
22.        margin:auto;
23.    }
24.    /*单元格样式*/
25.    td{
26.        text-align:left;
27.        vertical-align:center;
28.    }
```

JavaScript 文件 diary.js 的完整代码如下：

```
1.     //获取所有历史记录
2.     function getHistory() {
```

```
3.        //获取在localStorage中保存的日志个数
4.        var length = localStorage.length;
5.        //获取表格主体部分tbody对象
6.        var table = document.getElementById("history");
7.        //清空表格内容
8.        table.innerHTML = "";
9.
10.       //遍历日志的历史记录
11.       for (var i = 0; i < length; i++) {
12.           //获取键名称
13.           var key = localStorage.key(i);
14.           var date = new Date();
15.           date.setTime(key);
16.
17.           //获取日志记录时间的本地格式
18.           var time = date.toLocaleString();
19.
20.           //根据时间戳获取日志内容
21.           var content = localStorage.getItem(key);
22.
23.           //创建表格主体中的一行
24.           var row = table.insertRow(i);
25.           //插入第1个单元格，文本内容为序号
26.           row.insertCell(0).innerHTML = i + 1;
27.           //插入第2个单元格，文本内容为日志内容
28.           row.insertCell(1).innerHTML = content;
29.           //插入第3个单元格，文本内容为日志记录的时间
30.           row.insertCell(2).innerHTML = time;
31.           //插入第4个单元格，内容为"删除"按钮
32.           row.insertCell(3).innerHTML = '<button onclick="delDiary(' +
              key + ')">删除</button>';
33.       }
34.   }
35.
36.   //保存日志内容
37.   function saveDiary() {
38.       //获取文本框中的日志内容
39.       var content = document.getElementById("diary").value;
40.       //获取当前日期和时间
41.       var today = new Date();
42.       //将当前日期时间转换为时间戳
43.       var key = today.getTime();
44.
45.       //以时间戳为key名称保存当前日志
46.       localStorage.setItem(key, content);
47.       alert("日志已保存！");
48.
49.       //清空文本框中的日志，等待下一次记录
50.       document.getElementById("diary").value = "";
51.
52.       //重新加载日志的历史记录
53.       getHistory();
54.   }
55.
56.   //删除指定日志
57.   function delDiary(key) {
```

173

第 8 章

```
58.        //根据key名称删除对应的数据记录
59.        localStorage.removeItem(key);
60.        alert("本条日志已删除！");
61.
62.        //重新加载日志的历史记录
63.        getHistory();
64.    }
65.
66.    //删除全部日志
67.    function clearDiary() {
68.        //清空所有日志记录
69.        localStorage.clear();
70.        alert("日志已全部删除！");
71.
72.        //重新加载日志的历史记录
73.        getHistory();
74.    }
```

第 9 章

CSS3 基础项目

本章主要包含了两个基于 CSS3 技术的应用设计实例，一是使用 CSS3 文本阴影的叠加制作特殊字体效果，二是使用 CSS3 动画制作响应式放大菜单。在特殊字体效果项目中，主要内容包括火焰文字与霓虹文字两种特效；在放大菜单项目中，主要内容是在不依赖于 JavaScript 的情况下根据鼠标悬浮的位置放大相应的菜单栏目。

本章学习目标：

- 学习如何综合应用 HTML5 与 CSS3 文本阴影制作特殊字体效果；
- 学习如何综合应用 HTML5 与 CSS3 动画制作响应式放大菜单效果。

9.1 使用 CSS3 文本阴影制作特殊字体效果

【例 9-1】 用 CSS3 文本阴影制作特殊字体效果

功能要求：基于 CSS3 文本阴影属性 text-shadow 制作火焰效果与霓虹效果的字体。最终效果如图 9-1 所示。

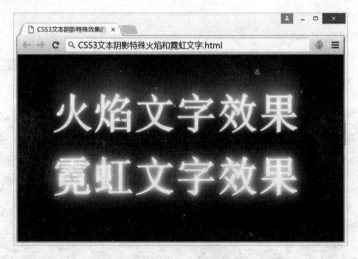

图 9-1 用 CSS3 文字阴影制作火焰与霓虹效果字体

9.1.1 整体设计

本节主要介绍页面的整体布局设计。

首先在页面上添加两段文字，分别用于制作火焰和霓虹效果。相关 HTML5 代码片段如下：

```
<body>
    <div>火焰文字效果</div>
    <div>霓虹文字效果</div>
</body>
```

本例使用 CSS 外部样式表规定页面样式。在本地 css 文件夹中创建 shadow.css 文件，并在<head>首尾标签中声明对 CSS 文件的引用。相关 HTML5 代码片段如下：

```
<head>
    <meta charset="utf-8">
    <title>CSS3文本阴影特殊效果的应用</title>
    <link rel="stylesheet" href="css/shadow.css">
</head>
```

在 CSS 文件中为<body>标签设置样式，具体样式要求如下。

- 颜色：背景颜色为黑色，字体颜色为白色；
- 字体：大小为 80 像素，加粗显示；
- 边距：各边的内边距为 30 像素。

相关 CSS 代码片段如下：

```
/*页面样式设置*/
body {
    background-color: black;
    color: white;
    font-size: 80px;
    font-weight: bold;
    padding: 30px;
}
```

此时页面效果如图 9-2 所示。

图 9-2　初始文本效果

由图 9-2 可见，需要制作特殊效果的文字内容已经显示在了页面上，当前还未设置文本阴影，因此只能看到黑色背景下的白色文字。下一节将介绍如何使用 text-shadow 属性层叠实现火焰效果。

9.1.2　火焰文字效果的实现

为需要实现火焰文字效果的<div>元素添加 id="fire"，相关 HTML5 代码修改后如下：

```
<body>
    <div id="fire">火焰文字效果</div>
    <div>霓虹文字效果</div>
</body>
```

在 CSS 文件中使用 ID 选择器为 id="fire"设计样式：各边的外边距为 30 像素，并使用多重文本阴影叠加制作火焰效果。

相关 CSS 代码片段如下：

```
/*火焰样式*/
#fire {
    margin: 30px;
    text-shadow:
        0 0 5px #FFF,
        0 0 20px #FEFCC9,
        10px -10px 30px #FEEC85,
        -20px -20px 40px #FFAE34,
        20px -40px 50px #EC760C,
        -20px -60px 60px #CD4606,
        0 -80px 70px #973716,
        10px -90px 80px #451B0E;
}
```

先在无偏移的位置上为文字叠加两次不同颜色和宽度的阴影，然后在文字的周围逐步偏移叠加新的颜色，其中 Y 轴方向尽量往上偏移，形成火焰燃烧的效果。当前的数值仅为参考，用户可以根据实际开发的情况自行修改。

当前运行效果如图 9-3 所示。

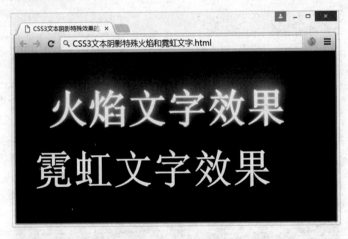

图 9-3　火焰文字效果

由图 9-3 可见，当前需要制作火焰效果的文字内容已经显示在了页面上。下一节将介绍如何使用 text-shadow 属性层叠实现霓虹效果。

9.1.3　霓虹文字效果的实现

为需要实现霓虹文字效果的<div>元素添加 id="neon"，相关 HTML5 代码修改后如下：

```
<body>
    <div id="fire">火焰文字效果</div>
    <div id="neon">霓虹文字效果</div>
</body>
```

在 CSS 文件中使用 ID 选择器为 id="neon"设计样式：各边的外边距为 30 像素，并使用多重文本阴影叠加制作霓虹效果。

相关 CSS 代码片段如下：

```
/*霓虹样式*/
#neon {
    margin: 30px;
    text-shadow:
        0 0 10px #FFF,
        0 0 20px #FFF,
        0 0 30px #FFF,
        0 0 40px #6AB5FF,
        0 0 70px #6AB5FF,
        0 0 80px #6AB5FF,
        0 0 100px #6AB5FF,
        0 0 150px #6AB5FF;
}
```

霓虹效果的原理是距离文字越远显示越淡的阴影，因此所有的阴影都在文本正下方无偏移地叠加。首先依次叠加10、20 和 30 像素的白色阴影，以表现最亮的光度，然后换成霓虹的颜色（#6AB5FF）从 40 像素开始继续模糊阴影的面积，直到最后一层叠加为 150 像素的阴影面积为止。当前的数值仅为参考，用户可以根据实际开发的情况自行修改颜色与阴影面积。

当前运行效果如图 9-4 所示。

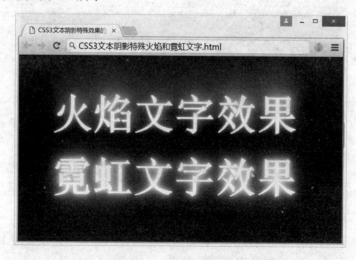

图 9-4　霓虹文字效果

由图 9-4 可见，当前需要制作霓虹效果的文字内容也已经显示在了页面上。至此使用 CSS3 文本阴影制作特殊字体效果已经全部完成。

9.1.4 完整代码展示

完整的 HTML5 代码如下：

```
1.   <!DOCTYPE html>
2.   <html>
3.      <head>
4.          <meta charset="utf-8">
5.          <title>CSS3文本阴影特殊效果的应用</title>
6.          <link rel="stylesheet" href="css/shadow.css">
7.      </head>
8.      <body>
9.          <div id="fire">火焰文字效果</div>
10.         <div id="neon">霓虹文字效果</div>
11.     </body>
12.  </html>
```

完整的 CSS3 代码如下：

```
1.   /*页面样式设置*/
2.   body {
3.        background-color: black;
4.        color: white;
5.        font-size: 80px;
6.        font-weight: bold;
7.        padding: 30px;
8.   }
9.   /*火焰样式*/
10.  #fire {
11.       margin: 30px;
12.       text-shadow:
13.           0 0 5px #FFF,
14.           0 0 20px #FEFCC9,
15.           10px -10px 30px #FEEC85,
16.           -20px -20px 40px #FFAE34,
17.           20px -40px 50px #EC760C,
18.           -20px -60px 60px #CD4606,
19.           0 -80px 70px #973716,
20.           10px -90px 80px #451B0E;
21.  }
22.  /*霓虹样式*/
23.  #neon {
24.       margin: 30px;
25.       text-shadow:
26.           0 0 10px #FFF,
27.           0 0 20px #FFF,
28.           0 0 30px #FFF,
29.           0 0 40px #6AB5FF,
30.           0 0 70px #6AB5FF,
31.           0 0 80px #6AB5FF,
32.           0 0 100px #6AB5FF,
33.           0 0 150px #6AB5FF;
34.  }
```

9.2 使用 CSS3 动画制作响应式放大菜单

【例 9-2】 用 CSS3 动画制作响应式放大菜单

功能要求：基于 CSS3 动画技术制作响应式放大菜单，当鼠标悬浮于菜单选项上时产生对该菜单进行放大的动画效果。最终效果如图 9-5 所示。

（a）菜单选项的初始状态　　　　　　　　　（b）鼠标悬浮时菜单选项自动放大

图 9-5　用 CSS3 动画制作响应式放大菜单

9.2.1　整体设计

本节主要介绍页面的整体布局设计。

首先创建响应式菜单页面，在页面上分别添加标题、水平线并预留菜单选项空间。相关 HTML5 代码片段如下：

```
<body>
    <!--标题-->
    <h3>CSS3响应式菜单的设计与实现</h3>
    <!--水平线-->
    <hr />
    <!--菜单栏目-->
    <nav></nav>
</body>
```

本例使用 CSS 外部样式表规定页面样式。在本地 css 文件夹中创建 menu.css 文件，并在<head>首尾标签中声明对 CSS 文件的引用。相关 HTML5 代码片段如下：

```
<head>
    <meta charset="utf-8">
    <title>CSS3响应式菜单的设计与实现</title>
    <link rel="stylesheet" href="css/menu.css">
</head>
```

在 CSS 文件中为导航菜单标签<nav>设置样式，具体样式要求如下。

- 尺寸：宽度为 500 像素；
- 文本：居中显示；
- 字体：大小为 30 像素，使用 Arial 系列格式，字体颜色为白色，加粗显示。

相关 CSS 代码片段如下：

```
/*菜单区域设置*/
nav {
    width: 500px;
    text-align: center;
    font-size: 30px;
    font-weight: bold;
    font-family: Arial, Helvetica, sans-serif;
    color: white;
}
```

然后在<nav>首尾标签之间添加具体的菜单选项，本例使用<div>元素创建。

相关 HTML5 代码如下：

```
<!--菜单栏目-->
<nav>
    <div>HTML5</div>
    <div>CSS3</div>
    <div>JavaScript</div>
    <div>jQuery</div>
</nav>
```

在 CSS 文件中为<div>标签设置统一样式，具体样式要求如下。
- 边框：1 像素宽的黑色实线；
- 尺寸：宽度为 200 像素，高度为 100 像素；
- 行高：行高为 100 像素，与元素的高度一致；
- 浮动：向左浮动；
- 边距：各边的外边距为 20 像素。

相关 CSS 代码片段如下：

```
/*菜单统一样式设置*/
div {
    border: 1px solid;
    width: 200px;
    height: 100px;
    line-height: 100px;
    float: left;
    margin: 20px;
}
```

为了更明显地区分不同的菜单选项，为这 4 个菜单选项分别添加不同的背景颜色。

相关 CSS 代码片段如下：

```
/*背景颜色设置*/
.style01 {
    background-color: #66F;
}
.style02 {
```

```
      background-color: #FF8000;
   }
   .style03 {
      background-color: #3CC;
   }
   .style04 {
      background-color: #FF8080;
   }
```

最后在<nav>首尾标签之间为所有菜单选项添加对应的类名称。

相关 HTML5 代码修改后如下：

```
<!--菜单栏目-->
<nav>
   <div class="style01">HTML5</div>
   <div class="style02">CSS3</div>
   <div class="style03">JavaScript</div>
   <div class="style04">jQuery</div>
</nav>
```

此时页面效果如图 9-6 所示。

由图 9-6 可见，关于菜单的样式要求已初步实现。目前尚未添加鼠标悬浮时的菜单效果，因此当前为静态的菜单样式。下一节将介绍如何使用自定义动画实现鼠标悬浮时菜单自动放大的效果。

9.2.2 动画效果的实现

本节主要介绍如何实现菜单选项的动画效果，当鼠标悬浮于指定的菜单选项时该元素会动态放大，直到鼠标离开时恢复原状。

图 9-6 响应式菜单界面设计效果

首先在 CSS 内部样式表中使用@keyframes 设置动画效果，并为其自定义动画名称。相关 CSS 代码如下：

```
@keyframes myframe{
   from {
      transform: scale(1.0, 1.0);
   }
   to {
      transform: scale(1.3, 1.3);
   }
}
```

上述代码表示在动画刚开始时缩放元素为原本的大小，然后逐步放大元素的宽和高，直到动画即将结束时将元素放大至原来的 1.3 倍。

然后在 CSS 内部样式表中为<div>元素设置鼠标悬浮时的样式变化，相关 CSS 代码如下：

```
div:hover {
   animation: myframe 0.5s forwards;
}
```

上述代码表示将对鼠标悬浮事件使用@keyframes 中定义的动画 myframe，动画的持续时间为 0.5 秒，并且当动画播放结束时保持最后一帧的动画状态。

运行效果如图 9-7 所示。

图 9-7　鼠标悬浮时菜单的放大效果

由图 9-7 可见，当鼠标悬浮在不同的菜单选项时当前选项均可以自动放大。至此用 CSS3 动画制作响应式放大菜单的功能已全部实现。

9.2.3　完整代码展示

完整的 HTML5 代码如下：

```
1.    <!DOCTYPE html>
2.    <html>
3.      <head>
4.          <meta charset="utf-8">
5.          <title>CSS3响应式菜单的设计与实现</title>
6.          <link rel="stylesheet" href="css/menu.css">
7.      </head>
8.      <body>
9.          <!--标题-->
10.         <h3>CSS3响应式菜单的设计与实现</h3>
11.         <!--水平线-->
12.         <hr />
13.         <!--菜单栏目-->
14.         <nav>
15.         <div class="style01">HTML5</div>
16.         <div class="style02">CSS3</div>
17.         <div class="style03">JavaScript</div>
18.         <div class="style04">jQuery</div>
19.         </nav>
20.     </body>
21.    </html>
```

完整的 CSS3 代码如下：

```
1.    /*自定义动画效果*/
2.    @keyframes myframe{
```

```
3.    from {
4.        transform: scale(1.0,1.0);
5.    }
6.    to {
7.        transform: scale(1.3,1.3);
8.    }
9.    }
10.   /*菜单区域设置*/
11.   nav {
12.       width: 500px;
13.       text-align: center;
14.       font-size: 30px;
15.       font-weight: bold;
16.       font-family: Arial, Helvetica, sans-serif;
17.       color: white;
18.   }
19.   /*菜单统一样式设置*/
20.   div {
21.       border: 1px solid;
22.       width: 200px;
23.       height: 100px;
24.       line-height: 100px;
25.       float: left;
26.       margin: 20px;
27.   }
28.   /*鼠标悬浮事件设置*/
29.   div:hover {
30.       animation: myframe 0.5s forwards;
31.   }
32.   /*背景颜色设置*/
33.   .style01 {
34.       background-color: #66F;
35.   }
36.   .style02 {
37.       background-color: #FF8000;
38.   }
39.   .style03 {
40.       background-color: #3CC;
41.   }
42.   .style04 {
43.       background-color: #FF8080;
44.   }
```

第 10 章 | 综合应用设计实例

本章主要包含了两个综合应用设计实例，一是基于 HTML5 的贪吃蛇游戏的设计与实现，二是企业文化用品展示网页的开发。其中，贪吃蛇游戏是一个网页版的单机游戏，将使用画布作为页面主体；企业文化用品展示网页节选自一个实战性质的项目，根据客户需求开发网页首页。本章通过对完整项目实例的解析与实现提高开发者的项目分析能力以及强化对于 HTML5、CSS3 与 JavaScript 的综合应用能力。

本章学习目标：
- 学习如何综合应用 HTML5、CSS3 与 JavaScript 开发单机游戏；
- 学习如何综合应用 HTML5、CSS3 与 JavaScript 开发 Web 网站。

10.1 基于 HTML5 的贪吃蛇游戏的设计与实现

10.1.1 贪吃蛇游戏简介

贪吃蛇游戏是一款经典的单机休闲游戏，玩家通过上、下、左、右按键控制蛇头的移动方向使其向指定的方向前进，并吃掉随机位置上产生的食物来获得分数。每吃掉一次食物，贪吃蛇的蛇身都会变长，并且会继续在随机位置上产生下一个食物。如果蛇头撞到墙壁或蛇身，则判定游戏失败。根据游戏的难度可以设置不同的游戏速度，蛇的爬行速度越快，游戏的难度越大。

该项目将综合应用 HTML5、CSS3 与 JavaScript 相关技术来实现。对于开发者来说，除了需要设计游戏界面布局外还需要设计按键的监听、游戏速度、蛇的移动效果以及食物的处理。其游戏效果如图 10-1 所示。

图 10-1 贪吃蛇游戏效果图

10.1.2 界面布局设计

本节主要介绍游戏界面布局的设计，由两个部分组成，即信息展示区（包含了历史最高分和当前分数）和主游戏显示区域。

1. 整体界面设计

首先使用一个<div>元素在页面背景上创建游戏整体界面，在其内部添加标题、水平线并预留信息展示区和主游戏显示区域（游戏画布）。相关 HTML5 代码片段如下：

```
<body>
    <div id="container">
        <h3>基于HTML5的贪吃蛇小游戏</h3>
        <hr>
        <!--状态信息栏-->
        <!--设置游戏画布-->
    </div>
</body>
```

这段代码为<div>元素定义了 id="container"，以便可以使用 CSS 的 ID 选择器进行样式设置。

本例使用 CSS 外部样式表规定页面样式。在本地 css 文件夹中创建 snake.css 文件，并在<head>首尾标签中声明对 CSS 文件的引用。相关 HTML5 代码片段如下：

```
<head>
    <meta charset="utf-8">
    <title>贪吃蛇游戏的设计与实现</title>
    <link rel="stylesheet" href="css/snake.css">
</head>
```

在 CSS 文件中使用 ID 选择器为 id="container"的<div>标签设置样式，具体样式要求如下。

- 文本：居中显示；
- 尺寸：宽度为 600 像素；
- 边距：各边的外边距定义为 auto，以便可以居中显示；各边的内边距为 10 像素；
- 颜色：背景颜色为白色；
- 特殊：使用了 CSS3 技术为其定义边框阴影效果，在其右下角有灰色投影。

相关 CSS 代码片段如下：

```
/*游戏主界面的总体样式*/
#container {
    text-align: center;
    width: 600px;
    margin: auto;
    padding:10px;
    background-color:white;
    box-shadow: 10px 10px 15px gray;
}
```

其中，box-shadow 属性可以实现边框投影效果，4 个参数分别代表水平方向的偏移（向右偏移 10 像素）、垂直方向的偏移（向下偏移 10 像素）、阴影宽度（15 像素）和阴影颜色（灰色），均可自定义成其他值。

由于网页背景颜色默认为白色，与<div>元素设置的背景颜色相同。为了区分，将网页的背景颜色设置为银色（silver）。

相关 CSS 代码片段如下：

```
body{
    background-color:silver;/*设置页面的背景颜色为银色*/
}
```

此时页面效果如图 10-2 所示。

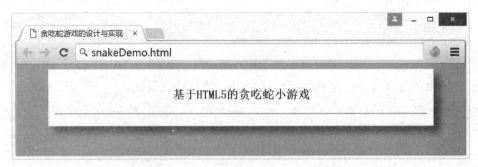

图 10-2　游戏整体界面样式效果图

由图 10-2 可见，关于游戏整体界面的样式要求已初步实现。目前尚未在<div>首尾标签之间填充信息展示栏与游戏画布的相关内容，因此在网页上浏览没有完整效果，需等待后续补充。接下来将介绍如何添加信息展示区。

2. 信息展示区设计

信息展示区位于主游戏区域的上方，在游戏主界面的预留区域创建一个 id="status"的<div>元素表示，并在其中包含了两个<div>元素分别用于显示历史最高分与当前游戏分数。

相关 HTML5 代码片段如下：

```
<div id="container">
    <h3>基于HTML5的贪吃蛇小游戏</h3>
    <hr>
    <!--状态信息栏-->
    <div id="status">
        <!--历史最高分-->
        <div class="box">
            历史最高分：<span id="bestScore">0</span>
        </div>
        <!--当前分数-->
        <div class="box">
            当前分数：<span id="currentScore">0</span>
        </div>
    </div>
    <!--设置游戏画布-->
</div>
```

为显示分数的两个<div>元素添加 class="box"，以便在 CSS 样式表中为其设置统一样式。其中历史最高分与当前游戏分数均初始化为 0，并将分数各自嵌套在<span>容器中。为这两个<span>元素分别设置 id="bestScore"和 id="currentScore"，以方便后面使用 jQuery 语句实时更新信息展示区中的分数。

在 CSS 样式表中使用 ID 选择器为信息展示区（状态栏）设置整体样式。

- 边距：各边的内边距均为 10 像素；各边的外边距为 auto，以便可以居中显示。
- 尺寸：宽度为 400 像素，高度为 20 像素。

相关 CSS 代码片段如下：

```
/*状态栏样式*/
```

综合应用设计实例

```
#status {
    padding: 10px;
    width: 400px;
    height: 20px;
    margin: auto;
}
```

然后使用类选择器为包含 class="box"的<div>进行样式设置。

- 浮动：向左浮动；
- 尺寸：宽度为 200 像素。

相关 CSS 代码片段如下：

```
/*状态栏中栏目的盒子样式*/
.box {
    float: left;
    width: 200px;
}
```

目前信息展示区已完成，运行效果如图 10-3 所示。

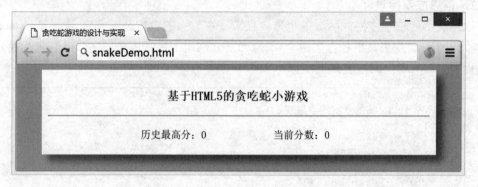

图 10-3　信息展示区完成效果图

由图 10-3 可见，信息展示区样式已完成。接下来将介绍如何添加主游戏界面区域内容。

3．主游戏界面设计

主游戏界面区域包含两个部分，即游戏画面与"重新开始"按钮。本项目的游戏画面是基于 HTML5 画布 API 实现的，所有的游戏内容将在<canvas>元素内部呈现。

相关 HTML5 代码片段如下：

```
<div id="container">
    <h3>基于HTML5的贪吃蛇小游戏</h3>
    <hr>
    <!--状态信息栏-->
    …（代码略）
    <!--设置游戏画布-->
    <canvas id="myCanvas" width="400" height="400" style="border:1px solid">
    </canvas>
</div>
```

为画布标签<canvas>设置 id="myCanvas"，以便后续使用 JavaScript 进行绘制工作。设置<canvas>元素的宽度和高度均为 400 像素，并使用行内样式表设置该画布带有 1 像素宽的实线边框效果。

最后使用<button>标签制作"重新开始"按钮。相关 HTML5 代码片段如下：

```
<body>
    <div id="container">
        <!--页面标题-->
        <h3>基于HTML5的贪吃蛇小游戏</h3>
        <!--水平线-->
        <hr />
        <!--游戏时间（代码略）-->
        <!--游戏画布（代码略）-->
        <!--游戏按钮-->
        <div>
            <button>重新开始</button>
        </div>
    </div>
</body>
```

当前该按钮仅用于布局设计，单击后暂无响应事件。后续会在 JavaScript 中为其增加回调函数。

在 CSS 文件中为按钮标签<button>进行样式设置。

- 尺寸：宽度为 200 像素、高度为 50 像素；
- 边距：上、下外边距为 10 像素，左、右外边距为 0 像素；
- 边框：无边框效果；
- 字体：字体大小为 25 像素，加粗显示；
- 颜色：字体颜色为白色，背景颜色为浅珊瑚红色（lightcoral）。

相关 CSS 代码片段如下：

```
/*设置游戏按钮样式*/
button {
    width: 200px;
    height: 50px;
    margin: 10px 0;
    border: 0;
    outline: none;
    font-size: 25px;
    font-weight: bold;
    color: white;
    background-color: lightcoral;
}
```

用户还可以为<button>标签设置鼠标悬浮时的样式效果，在 CSS 样式表中用 button:hover 表示。本例将该效果设置为按钮背景颜色的改变，换成颜色加深的珊瑚红色（coral）。

相关 CSS 代码片段如下：

```
/*设置鼠标悬浮时的按钮样式*/
button:hover {
    background-color: coral;
}
```

此时整个样式设计就全部完成了，其页面效果如图 10-4 所示。

189

第

10

章

图 10-4　信息展示区完成效果图

由图 10-4 可见，关于贪吃蛇游戏的布局和样式要求已初步实现。目前尚未实现游戏逻辑，该内容将在下一节介绍。

10.1.3　数据模型设计

本项目将游戏画布分割成 40 行、40 列，即分割成长宽均为 10 像素的 1600 个网格。在画布上的蛇身就是由一系列连续的网格填充颜色组成的，而食物是由单个网格填充颜色而成的，因此只要知道了这些需要填色的网格坐标即可在画布上绘制出蛇身与食物。

1. 创建贪吃蛇模型

本项目设置贪吃蛇的初始身长为 3 格，以贪吃蛇的蛇头出现在最左侧第 2 行并且向右移动为例，动态过程如图 10-5 所示。

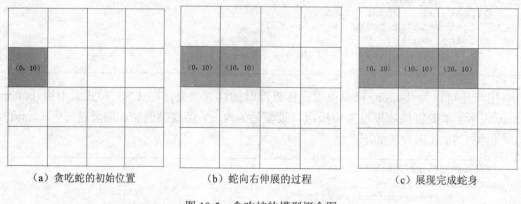

（a）贪吃蛇的初始位置　　　（b）蛇向右伸展的过程　　　（c）展现完成蛇身

图 10-5　贪吃蛇的模型概念图

图 10-5 中标记的所有坐标数据对应的都是网格的左上角坐标位置。由图 10-5(a)可见，

本例中的贪吃蛇的初始位置出现在坐标(0,10)处，使用浅蓝色填充、边长为 10 像素的网格来表示蛇身。由于目前规定为向右移动，因此随着每次游戏内容刷新都追加填充右侧一个空白网格作为蛇身，直到完整蛇身在网格中全部显现，这一过程由图 10-5(b)和图 10-5(c)所呈现。

可以使用一个数组来记录组成蛇身的每一个网格坐标，并依次在画布的指定位置填充颜色，这样即可形成贪吃蛇从出现到移动直到展现完整身体的过程。

例如上面示例中向右移动的贪吃蛇的初始状态的坐标可以记录为：

```
var snakeMap = [{'x':0, 'y':10}];
```

随着蛇头向右前进，该数组增加第 2 组坐标：

```
snakeMap = [{'x':0, 'y':10}, {'x':10, 'y':10}];
```

如果继续向右前进，该数组增加第 3 组坐标：

```
snakeMap = [{'x':0, 'y':10}, {'x':10, 'y':10}, {'x':20, 'y':10}];
```

此时蛇身已经完整显示出来。

2. 蛇身移动模型

当蛇身已经完全显示在游戏画面中时，如果蛇继续前进，则需要清除蛇尾的网格颜色，以表现出蛇的移动效果。以上一节的贪吃蛇模型为例，分别展示其向右、向下和向上移动的效果，如图 10-6 所示。

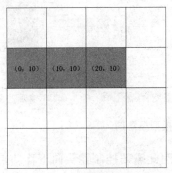

（a）贪吃蛇的初始状态模型

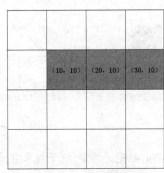

（b）蛇向右移动的效果

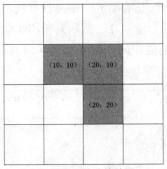

（c）蛇向下移动的效果

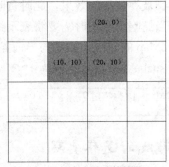

（d）蛇向上移动的效果

图 10-6　贪吃蛇的移动模型图

综合应用设计实例

图 10-6(b)显示的是贪吃蛇的蛇身已全部显示出来后仍继续向右前进的效果。在吃到食物之前，蛇的身长将保持不变。此时除了需要填充右侧一个新的空白网格外，还需要清除最早的一个蛇身网格颜色，以实现蛇在移动的动画效果。图 10-6(c)与图 10-6(d)显示的是贪吃蛇分别向下和向上移动的效果，其原理与图 10-6(b)的解释相同。

以上面介绍的数组 snakeMap 为例继续讲解如何实现蛇的移动效果。

例如继续往右前进，该数组添加新坐标，还需要删除最早的一组坐标：

```
snakeMap = [{'x':10, 'y':10}, {'x':20, 'y':10}, {'x':30, 'y':10}];
```

因为该数组中的坐标只用于显示当前的蛇身数据，因此需要去掉曾经路过的轨迹。这种绘制方式可以展现贪吃蛇的动态移动效果。

故只要每次在游戏界面刷新时保持更新 snakeMap 数组的记录即可获得贪吃蛇的当前位置。

3．蛇吃食物模型

在贪吃蛇的移动过程中，如果蛇头碰撞到食物则认为蛇将食物吃掉了。此时蛇的身长增加一格，并且食物消失然后在随机位置重新出现。同样以初始位置在(0,10)坐标、身长为 3 格的蛇模型为例，展示蛇吃食物的过程如图 10-7 所示。

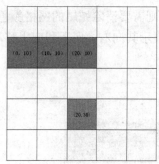 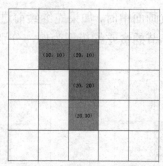 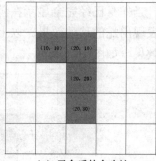

（a）贪吃蛇的初始位置　　　　（b）蛇向下移动准备吃食　　　　（c）吞食后的贪吃蛇

图 10-7　蛇吃食物的模型概念图

由图 10-7(a)可见，食物位于蛇头的正下方，因此需要控制蛇头向下移动来接近食物。图 10-7(b)显示的是蛇向下移动一格后的效果，此时蛇头已经贴在食物边上了。图 10-7(c)显示的是食物被吞食后的效果，此时贪吃蛇的蛇身长度增加了一格并且食物消失。

因此每当蛇吃到食物时需要将表示蛇身的变量 t 自增 1，然后判断用于记录蛇身坐标的数组 snakeMap 的长度，如果与当前蛇身长度 t 的值相同，则不必删除最前面的数据。

此时的 snakeMap 数组坐标为：

```
snakeMap = [{'x':10, 'y':10}, {'x':20, 'y':10}, {'x':20, 'y':20}, {'x':20,
'y':30}];
```

10.1.4　游戏的逻辑实现

1．游戏准备

首先使用一系列变量设置贪吃蛇的初始状态，包括蛇身长度、首次出现的位置和移动

方向等。相关 JavaScript 代码如下:

```
//======================
//游戏参数设置
//======================
//蛇的身长
var t = 3;
//记录蛇的运行轨迹,用数组记录每一个坐标点
var snakeMap = [];
//蛇身单元大小
var w = 10;
//方向代码:左37,上38,右39,下40
var direction = 39;
//蛇的初始坐标
var x = 0;
var y = 0;
//画布的宽和高
var width = 400;
var height = 400;
//根据id找到指定的画布
var c = document.getElementById("myCanvas");
//创建2D的context对象
var ctx = c.getContext("2d");
```

上述代码设置了贪吃蛇的初始状态为身长 3 格,初始出现位置为(0,0)点,并且向右移动。其中用于记录移动方向的变量 direction 可以根据实际需要自定义方向对应的数字,这里为了方便按键监听效果,选择了相应的按键 code 表示方向。

这里声明了蛇身单元格的边长(w)以及画布的宽(width)和高(height)是为了方便开发者的后续修改,如果想改变游戏界面或者贪吃蛇的大小只需要更改对应的这一处变量值,无须修改其他逻辑代码。最后声明的 ctx 对象是为了后续用于游戏画布的绘制工作。

由于当前蛇的初始位置与方向为固定值,这样会降低游戏难度与可玩度,因此在游戏启动方法 GameStart()中可以使用随机数重新定义蛇初始出现的位置和移动方向,以便每次刷新页面都可以获得不同的游戏效果。

JavaScript 中 GameStart ()方法的初始代码如下:

```
//====================
//启动游戏
//====================
function GameStart() {
    //随机生成贪吃蛇的蛇头坐标
    x = Math.floor(Math.random() * width / w) * w;
    y = Math.floor(Math.random() * height / w) * w;

    //随机生成蛇的前进方向
    direction = 37 + Math.floor(Math.random() * 4);
}
```

首先需要为贪吃蛇随机产生一个初始位置坐标(x,y),并且其中 x 和 y 的值必须是游戏画布中任意网格的左上角点,这样才能保证蛇身的位置不发生偏移。

由于游戏画布的长和宽均为 400 像素,因此画布中任意网格的坐标规律为:

```
(row*10, col*10)
```

其中，row 指的是当前网格的行数，col 指的是列数。需要注意的是，这里的行数与列数均为从 0 开始计数。例如游戏画布中第 2 行、第 3 列的网格坐标为(2*10,3*10)，即(20, 30)。因此只需要随机产生 0～39 的行数和列数即可乘以网格边长换算出坐标位置。

在 JavaScript 中，Math.random()可以产生一个[0,1)区间的随机数，因此在这里使用 Math.random()*width/*w* 表示用随机数乘以画布的宽度再除以网格边长，可获得一个[0,40)区间的随机数。由于本项目中的画布宽与高相等，因此 Math.random() * height/*w* 同样可以产生一个[0,40)区间的随机数。使用 Math.floor()函数是为了去掉小数点后面的数字，这样才能确保最后的随机数为指定范围内的整数。最后再乘以网格边长 *w* 即可符合画布中任意网格的坐标规律。

而表示蛇前进方向的变量 direction 为了和键盘上的方向键对应的代码保持一致，只能是[37,40]区间的一个数字。因此同样先使用 Math.random() * 4 来获取[0,4)区间的数字，然后用 Math.floor()函数去掉小数点后面的内容变成整数，最后加上 37 即可获得[37,41)区间的整数，由于该随机数不包括上限，也就是[37,40]区间的整数。

此时游戏的初始化工作基本完成，接下来将介绍如何动态地绘制蛇身的移动过程。

2. 绘制蛇身

每次游戏画面刷新，蛇只需要往指定方向前进一格。如果没有吃到新的食物，则还需要清除原先蛇尾最后一个位置的颜色，以表现出贪吃蛇动态地前进了一格的效果。

在 JavaScript 中声明 drawSnake()方法专门用于绘制贪吃蛇。

```
//====================
//绘制贪吃蛇函数
//====================
function drawSnake() {
    //设置蛇身内部的填充颜色
    ctx.fillStyle = "lightblue";
    //绘制最新位置的蛇身矩形
    ctx.fillRect(x, y, w, w);

    //数组只保留蛇身长度的数据，如果蛇前进了，则删除最旧的坐标数据
    if (snakeMap.length > t) {
        //删除数组的第一项，即蛇的尾部最后一个位置的坐标记录
        var lastBox = snakeMap.shift();
        //清除蛇的尾部的最后一个位置，从而实现移动效果
        ctx.clearRect(lastBox['x'], lastBox['y'], w, w);
    }
}
```

由于要通过游戏画面刷新才能实现动画效果，因此在 JavaScript 中声明 gameRefresh()方法专门用于刷新画布，并在该方法中调用 drawSnake()方法绘制贪吃蛇的蛇身变化过程。JavaScript 中 gameRefresh()方法的初始代码如下：

```
//=====================
//游戏画面刷新函数
//=====================
function gameRefresh() {
    //将当前坐标数据添加到贪吃蛇的运动轨迹坐标数组中
    snakeMap.push({
        'x' : x,
        'y' : y
```

```
    });

    //绘制贪吃蛇
    drawSnake();

    //根据方向移动蛇头的下一个位置
    switch(direction) {
    //左37
    case 37:
        x -= w;
        break;
    //上38
    case 38:
        y -= w;
        break;
    //右39
    case 39:
        x += w;
        break;
    //下40
    case 40:
        y += w;
        break;
    }
}
```

最后在 GameStart()函数中设置在间隔规定的时间后重复调用 gameRefresh()已达到游戏画面刷新的效果。修改后的 GameStart()函数如下：

```
//====================
//启动游戏
//====================
function GameStart() {
    //随机生成贪吃蛇的蛇头坐标
    …（代码略）

    //随机生成蛇的前进方向
    …（代码略）

    //每隔time毫秒刷新一次游戏内容
    setInterval("gameRefresh()", 200);
}
```

其中 200 指的是游戏画面每隔 200 毫秒（即 0.2 秒）刷新一次，该数值可自定义。为方便开发者后续修改，也可以将这里的 200 改为变量 time，并在游戏初始化的参数中对变量 time 进行初始化声明。

相关 JavaScript 代码如下：

```
//====================
//游戏参数设置
//====================
//游戏界面刷新的间隔时间（数字越大，蛇的速度越慢）
var time = 200;

…（后续代码略）
```

运行效果如图 10-8 所示。

(a) 贪吃蛇的初始位置　　　　　(b) 贪吃蛇向右前进　　　　　(c) 贪吃蛇完全出现

图 10-8　贪吃蛇的蛇身绘制

图 10-8 中是当前代码的运行效果，贪吃蛇在随机位置出现后以随机方向（本次为向右）开始前进，直到整个蛇身出现并继续前进。由于此时尚未获取用户的按键指令，因此目前贪吃蛇只能按照初始方向一直前进。

3．处理蛇头的移动

贪吃蛇是依靠玩家按下键盘上的方向键进行上、下、左、右方向切换的，因此首先在 JavaScript 中使用 document 对象的 onkeydown 方法监听并获取用户按键。

JavaScript 中按键监听的完整代码如下：

```
//==================
//改变蛇方向的按键监听
//==================
document.onkeydown = function(e) {
    //根据按键更新前进方向code: 左37，上38，右39，下40
    if(e.keyCode==37||e.keyCode==38||e.keyCode==39||e.keyCode==40)
        direction = e.keyCode;
}
```

由于只需要监听键盘上的方向键，并且这些方向键顺时针旋转左、上、右、下对应的数字代码是 37~40，因此只考虑这 4 种情况，并且直接将按键的代码赋值给表示方向的变量 direction，以便后续判断。加上按键监听后的运行效果如图 10-9 所示。

(a) 贪吃蛇正在前进　　　　　　　　(b) 贪吃蛇改变方向

图 10-9　贪吃蛇的方向改变

4．绘制随机位置的食物

接下来需要在页面上为贪吃蛇绘制食物。食物每次将在随机网格位置出现，占一格位置。食物每次只在画面中呈现一个，直到被蛇头触碰表示吃掉才可在原先的位置清除并在下一个随机位置重新产生。

在 JavaScript 中声明 drawFood()方法用于在游戏画布的随机位置绘制食物，代码如下：

```
//=================
//绘制食物函数
//=================
function drawFood() {
    //随机生成食物坐标
    foodX = Math.floor(Math.random() * width / w) * w;
    foodY = Math.floor(Math.random() * height / w) * w;
    //内部填充颜色
    ctx.fillStyle = "#FF0000";
    //绘制矩形
    ctx.fillRect(foodX, foodY, w, w);
}
```

这里随机产生的食物坐标(x,y)与贪吃蛇的初始位置坐标要求一样，必须是游戏画布中任意网格的左上角点，因此同样使用了 Math.random()获取随机数来制作。由于代码完全相同，这里不再赘述，读者可以查看上面绘制蛇身时的解释。然后设置食物为红色，并使用fillRect()函数进行颜色的填充。

修改 JavaScript 中的 GameStart()方法，在绘制贪吃蛇之前添加 drawFood()函数来绘制食物。修改后的相关代码如下：

```
//=====================
//启动游戏
//=====================
function GameStart() {
    //调用drawFood()函数，在随机位置绘制第一个食物
    drawFood();

    //随机生成贪吃蛇的蛇头坐标
    …（代码略）

    //随机生成蛇的前进方向
    …（代码略）

    //每隔time毫秒刷新一次游戏内容
    …（代码略）
}
```

添加食物绘制后的运行效果如图 10-10 所示。

此时还不能完成吃食物的动作，将在下面介绍相关内容。

5．吃到食物的判定

当蛇头与食物出现在同一格中时判定蛇吃到了食物，此时食物消失、当前分数增加 10分、蛇身增加一格，并且重新在随机位置生成下一个食物。

在 JavaScript 中修改后的 gameRefresh()方法如下：

图 10-10　在随机位置生成食物

```
//=====================
//游戏画面刷新函数
//=====================
function gameRefresh() {
    //将当前坐标数据添加到贪吃蛇的运动轨迹坐标数组中
    …（代码略）
    //绘制贪吃蛇
    …（代码略）

    //根据方向移动蛇头的下一个位置
    …（代码略）

    //碰撞检测，返回值0表示没有撞到障碍物
    …（代码略）

    //吃到食物的判定
    if (foodX == x && foodY == y) {
        //吃到一次食物加10分
        score += 10;
        //更新状态栏中的当前分数
        var currentScore = document.getElementById("currentScore");
        currentScore.innerHTML = score;
        //在随机位置绘制下一个食物
        drawFood();
        //蛇身的长度加1
        t++;
    }
}
```

这里使用了 document.getElementById()方法找到状态栏中用于显示当前分数的元素对象，并将其内容更新为最新的分值。

运行效果如图 10-11 所示。

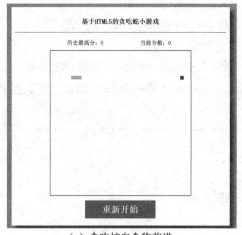
（a）贪吃蛇向食物前进

（b）贪吃蛇吃到第一个食物

图 10-11　贪吃蛇吃食物的过程

其中，图 10-11(a)是尚未吃过食物的贪吃蛇向食物前进的画面，此时蛇身长度为 3 个网格，当前分数为 0 分；图 10-11(b)是贪吃蛇已经吃到第一个食物的画面，此时蛇身长度增加为 4 个网格，并且当前分数更新为 10 分。

6．碰撞检测

如果蛇头撞到了游戏画布的任意一边或者蛇自己的身体均判定为游戏失败，此时弹出提示对话框告知玩家游戏失败的原因，并显示当前总分。如果本局得分打破了历史纪录，则使用 HTML5 Web 存储 API 中的 localStorage 对象更新存储的数据。玩家单击对话框上的"确定"按钮则可以开始下一局游戏。

在 JavaScript 中首先创建 detectCollision()函数用于进行蛇与障碍物的碰撞检测。碰撞检测需要检测两种可能性，一是蛇头撞到了四周的墙壁，二是蛇头撞到了蛇身。无论哪一种情况发生都判定为游戏失败。

detectCollision()方法的完整代码如下：

```
//================
//碰撞检测函数
//================
function detectCollision() {
    //蛇头碰撞到了四周的墙壁，游戏失败
    if (x > width || y > height || x < 0 || y < 0) {
        return 1;
    }
    //蛇头碰撞到了蛇身，游戏失败
    for (var i = 0; i < snakeMap.length; i++) {
        if (snakeMap[i].x == x && snakeMap[i].y == y) {
            return 2;
        }
    }
    return 0;
}
```

综合应用设计实例

该函数具有 3 种返回值，分别表示不同的含义。

- 返回值为 0：表示本次没有碰撞到障碍物，游戏继续；
- 返回值为 1：表示蛇头碰撞到了游戏画布任意一边的墙壁，游戏失败；
- 返回值为 2：表示蛇头碰撞到了蛇身，游戏失败。

在 JavaScript 中修改 gameRefresh()方法，在根据方向移动蛇头位置的 switch 语句后面添加游戏失败判定的相关代码，通过判断 detectCollision()函数的返回值确定当前的游戏状态。修改后的 gameRefresh()方法如下：

```javascript
//=====================
//游戏画面刷新函数
//=====================
function gameRefresh() {
    //将当前坐标数据添加到贪吃蛇的运动轨迹坐标数组中
    …（代码略）

    //绘制贪吃蛇
    …（代码略）

    //根据方向移动蛇头的下一个位置
    …（代码略）

    //碰撞检测，返回值0表示没有撞到障碍物
    var code = detectCollision();
    //如果返回值不为0，表示游戏失败
    if (code != 0) {
        //如果当前得分高于历史最高分，则更新历史最高分纪录
        if (score > bestScore)
            localStorage.setItem("bestScore", score);
        //返回值1表示撞到墙壁
        if (code == 1) {
            alert("撞到了墙壁，游戏失败!当前得分: " + score);
        }
        //返回值2表示撞到蛇身
        else if (code == 2) {
            alert("撞到了蛇身,游戏失败! 当前得分: " + score);
        }
        //重新加载页面
        window.location.reload();
    }
}
```

加上碰撞检测后的游戏运行效果如图 10-12 所示。

最后还需要将最高分纪录在游戏重新开始后显示出来，该内容将在下面介绍。

7. 显示历史最高分

这里将介绍如何在状态栏中显示历史最高分纪录。本项目使用 HTML5 Web 存储 API 中的 localStorage 进行历史最高分记录的读取。在 JavaScript 中声明 showBestScore()方法用于获取并在状态栏中展示历史最高分。

JavaScript 中 showBestScore()方法的完整代码如下：

（a）贪吃蛇碰撞到墙壁　　　　　　　　　（b）贪吃蛇碰撞到蛇身

图 10-12　贪吃蛇的碰撞检测

```
//====================
//显示历史最高分纪录
//====================
function showBestScore() {
    //从本地存储数据中读取历史最高分
    bestScore = localStorage.getItem("bestScore");
    //如果尚未记录最高分，则重置为0
    if (bestScore == null)
        bestScore = 0;
    //将历史最高分更新到状态栏中
    var best = document.getElementById("bestScore");
    best.innerHTML = bestScore;
}
```

首先从 localStorage 中根据键名称 bestScore 查找历史最高分纪录，如果为空值则表示尚未存储最高分，因此将空值重置为 0，最后将获取到的最高分更新到信息展示栏中。相关代码修改后如下：

```
//====================
//游戏参数设置
//====================
…（代码略）

//获得历史最高分纪录
showBestScore();

//开始游戏
GameStart();
});
```

运行效果如图 10-13 所示。

图 10-13 中显示的是历史最高分为 60 分的情况，当本次游戏分数超过历史最高分时该数字将会被更新。

8. 游戏重新开始

玩家重新开始游戏有两种方式，一是当蛇碰撞到墙壁或者自身导致游戏失败时会自动

综合应用设计实例

重新开始游戏，二是单击"重新开始"按钮强制重新开始游戏。

图 10-13　贪吃蛇吃食物的过程

重新加载游戏可以直接使用 window.location.reload()方法，已达到刷新页面的作用。

为"重新开始"按钮添加按键监听，修改后的代码如下：

```html
<button onclick="window.location.reload()">重新开始</button>
```

在游戏刷新函数 gameRefresh()中找到碰撞检测的相关代码，在判断碰撞到物体时同样添加 window.location.reload()方法以达到游戏刷新的效果。

gameRefresh()方法修改后的代码如下：

```
//=====================
//游戏画面刷新函数
//=====================
function gameRefresh() {
    //将当前坐标数据添加到贪吃蛇的运动轨迹坐标数组中
    …（代码略）

    //绘制贪吃蛇
    …（代码略）

    //根据方向移动蛇头的下一个位置
    …（代码略）

    //碰撞检测，返回值0表示没有撞到障碍物
    var code = detectCollision();
    //如果返回值不为0，表示游戏失败
    if (code != 0) {
        …（代码略）

        //重新加载页面
        window.location.reload();
    }
}
```

此时所有的代码内容全部完成了。

10.1.5　完整代码展示

HTML5 完整代码如下:

```
1.   <!DOCTYPE html>
2.   <html>
3.       <head>
4.           <meta charset="utf-8">
5.           <title>贪吃蛇游戏的设计与实现</title>
6.           <link rel="stylesheet" href="css/snake.css">
7.       </head>
8.       <body>
9.           <div id="container">
10.              <h3>基于HTML5的贪吃蛇小游戏</h3>
11.              <hr>
12.              <!--状态信息栏-->
13.              <div id="status">
14.                  <!--历史最高分-->
15.                  <div class="box">
16.                      历史最高分: <span id="bestScore">0</span>
17.                  </div>
18.                  <!--当前分数-->
19.                  <div class="box">
20.                      当前分数: <span id="currentScore">0</span>
21.                  </div>
22.              </div>
23.              <!--设置游戏画布-->
24.              <canvas id="myCanvas" width="400" height="400" style=
                 "border:1px solid"></canvas>
25.              <div>
26.                  <button onclick="window.location.reload()">
27.                      重新开始
28.                  </button>
29.              </div>
30.          </div>
31.          <script>
32.              //======================
33.              //游戏参数设置
34.              //======================
35.              //游戏界面刷新的间隔时间（数字越大，蛇的速度越慢）
36.              var time = 200;
37.              //蛇的身长
38.              var t = 3;
39.              //记录蛇的运行轨迹，用数组记录每一个坐标点
40.              var snakeMap = [];
41.              //蛇身单元大小
42.              var w = 10;
43.              //方向代码：左37，上38，右39，下40
44.              var direction = 37;
45.              //蛇的初始坐标
46.              var x = 0;
47.              var y = 0;
48.              //食物的初始化坐标
49.              var foodX = 0;
50.              var foodY = 0;
51.              //当前得分
```

```
52.              var score = 0;
53.              //历史最高分纪录
54.              var bestScore = 0;
55.              //画布的宽和高
56.              var width = 400;
57.              var height = 400;
58.              //根据id找到指定的画布
59.              var c = document.getElementById("myCanvas");
60.              //创建2D的context对象
61.              var ctx = c.getContext("2d");
62.
63.              //获得历史最高分纪录
64.              showBestScore();
65.
66.              //开始游戏
67.              GameStart();
68.
69.              //=====================
70.              //显示历史最高分纪录
71.              //=====================
72.              function showBestScore() {
73.                  //从本地存储数据中读取历史最高分
74.                  bestScore = localStorage.getItem("bestScore");
75.                  //如果尚未记录最高分，则重置为0
76.                  if (bestScore == null)
77.                      bestScore = 0;
78.                  //将历史最高分更新到状态栏中
79.                  var best = document.getElementById("bestScore");
80.                  best.innerHTML = bestScore;
81.              }
82.
83.              //=====================
84.              //启动游戏
85.              //=====================
86.              function GameStart() {
87.                  //调用drawFood()函数，在随机位置绘制第一个食物
88.                  drawFood();
89.
90.                  //随机生成贪吃蛇的蛇头坐标
91.                  x = Math.floor(Math.random() * width / w) * w;
92.                  y = Math.floor(Math.random() * height / w) * w;
93.
94.                  //随机生成蛇的前进方向
95.                  direction = 37 + Math.floor(Math.random() * 4);
96.
97.                  //每隔time毫秒刷新一次游戏内容
98.                  setInterval("gameRefresh()", time);
99.              }
100.
101.             //=====================
102.             //游戏画面刷新函数
103.             //=====================
104.             function gameRefresh() {
105.                 //将当前坐标数据添加到贪吃蛇的运动轨迹坐标数组中
106.                 snakeMap.push({
107.                     'x' : x,
108.                     'y' : y
```

```
109.                    });
110.
111.                    //绘制贪吃蛇
112.                    drawSnake();
113.
114.                    //根据方向移动蛇头的下一个位置
115.                    switch(direction) {
116.                    //左37
117.                    case 37:
118.                        x -= w;
119.                        break;
120.                    //上38
121.                    case 38:
122.                        y -= w;
123.                        break;
124.                    //右39
125.                    case 39:
126.                        x += w;
127.                        break;
128.                    //下40
129.                    case 40:
130.                        y += w;
131.                        break;
132.                    }
133.
134.                    //碰撞检测，返回值0表示没有撞到障碍物
135.                    var code = detectCollision();
136.                    //如果返回值不为0，表示游戏失败
137.                    if (code != 0) {
138.                        //如果当前得分高于历史最高分，则更新历史最高分纪录
139.                        if (score > bestScore)
140.                            localStorage.setItem("bestScore", score);
141.                        //返回值1表示撞到墙壁
142.                        if (code == 1) {
143.                            alert("撞到了墙壁，游戏失败!当前得分: " + score);
144.                        }
145.                        //返回值2表示撞到蛇身
146.                        else if (code == 2) {
147.                            alert("撞到蛇身,游戏失败! 当前得分: " + score);
148.                        }
149.                        //重新加载页面
150.                        window.location.reload();
151.                    }
152.
153.                    //吃到食物的判定
154.                    if (foodX == x && foodY == y) {
155.                        //吃到一次食物加10分
156.                        score += 10;
157.                        //更新状态栏中的当前分数
158.                        var currentScore = document.getElementById
                        ("currentScore");
159.                        currentScore.innerHTML = score;
160.                        //在随机位置绘制下一个食物
161.                        drawFood();
162.                        //蛇身的长度加1
163.                        t++;
164.                    }
```

```
165.
166.            }
167.
168.            //==================
169.            //绘制贪吃蛇函数
170.            //==================
171.            function drawSnake() {
172.                //设置蛇身内部的填充颜色
173.                ctx.fillStyle = "lightblue";
174.                //绘制最新位置的蛇身矩形
175.                ctx.fillRect(x, y, w, w);
176.
177.                //数组只保留蛇身长度的数据，如果蛇前进了则删除最旧的坐标数据
178.                if (snakeMap.length > t) {
179.                    //删除数组的第一项，即蛇的尾部的最后一个位置的坐标记录
180.                    var lastBox = snakeMap.shift();
181.                    //清除蛇的尾部的最后一个位置，从而实现移动效果
182.                    ctx.clearRect(lastBox['x'], lastBox['y'], w, w);
183.                }
184.            }
185.
186.            //==================
187.            //改变蛇方向的按键监听
188.            //==================
189.            document.onkeydown = function(e) {
190.                //根据按键更新前进方向code：左37，上38，右39，下40
191.                if (e.keyCode == 37 || e.keyCode == 38 || e.keyCode ==
                    39 || e.keyCode == 40)
192.                    direction = e.keyCode;
193.            }
194.            //==================
195.            //碰撞检测函数
196.            //==================
197.            function detectCollision() {
198.                //蛇头碰撞到了四周的墙壁，游戏失败
199.                if (x > width || y > height || x < 0 || y < 0) {
200.                    return 1;
201.                }
202.                //蛇头碰撞到了蛇身，游戏失败
203.                for (var i = 0; i < snakeMap.length; i++) {
204.                    if (snakeMap[i].x == x && snakeMap[i].y == y) {
205.                        return 2;
206.                    }
207.                }
208.                return 0;
209.            }
210.
211.            //==================
212.            //绘制食物函数
213.            //==================
214.            function drawFood() {
215.                //随机生成食物坐标
216.                foodX = Math.floor(Math.random() * width / w) * w;
217.                foodY = Math.floor(Math.random() * height / w) * w;
218.                //内部填充颜色
219.                ctx.fillStyle = "#FF0000";
220.                //绘制矩形
```

```
221.              ctx.fillRect(foodX, foodY, w, w);
222.            }
223.        </script>
224.    </body>
225. </html>
```

CSS 完整代码如下：

```
1.    body{
2.        background-color:silver;/*设置页面的背景颜色为银色*/
3.    }
4.    /*游戏主界面的总体样式*/
5.    #container {
6.        text-align: center;
7.        width: 600px;
8.        margin: auto;
9.        padding:10px;
10.        background-color:white;
11.        box-shadow: 10px 10px 15px gray;
12.    }
13.    /*状态栏样式*/
14.    #status {
15.        padding: 10px;
16.        width: 400px;
17.        height: 20px;
18.        margin: auto;
19.    }
20.    /*状态栏中栏目的盒子样式*/
21.    .box {
22.        float: left;
23.        width: 200px;
24.    }
25.    /*设置游戏按钮样式*/
26.    button {
27.        width: 200px;
28.        height: 50px;
29.        margin: 10px 0;
30.        border: 0;
31.        outline: none;
32.        font-size: 25px;
33.        font-weight: bold;
34.        color: white;
35.        background-color: lightcoral;
36.    }
37.    /*设置鼠标悬浮时的按钮样式*/
38.    button:hover {
39.        background-color: coral;
40.    }
```

10.2　实战项目——企业文化用品展示网页的开发

10.2.1　项目简介

本例节选自客户需求开发的真实项目，以安徽师范大学经致科技文化传播有限公司的文化用品展示网站首页为例，介绍如何综合应用 HTML5、CSS3 与 JavaScript 相关知识开发网页。其首页效果如图 10-14 所示。该项目将用到 HTML5 新增的结构标签来架构网站整体布局，在此基础上涉及了少量 jQuery 代码配合使用 CSS3 来制作页面动态效果。

图 10-14　文化用品展示网站首页效果图

10.2.2　整体布局设计

该页面根据内容可以分为下面 6 个部分。

- 网站头部：企业 Logo、名称和宣传图。
- 网站左侧栏：新品上市展示。
- 网站动态图：3 张图片动态切换。
- 网站右侧栏：分为新闻资讯与联系方式两部分。
- 产品展示栏目：以图片集合的形式展示产品。
- 网站尾部：公司版权信息与地址信息。

根据划分的版块设计整体结构图如图 10-15 所示。

在结构图中涉及的主要 HTML5 结构标签有<header>、<aside>、<section>、<footer>。

使用这些 HTML5 新增的结构标签创建网页总体架构，相关 HTML5 代码如下：

图 10-15　文化用品展示网站首页结构图

```
<!DOCTYPE html>
```

```
<html>
    <head>
        <meta charset="utf-8">
        <title>经致传媒公司文化用品网</title>
        <link rel="stylesheet" href="css/basic.css">
        <script src="js/html5.js"></script>
    </head>
    <body>
        <header>
            header（企业名称、Logo和宣传图）
        </header>
        <div id="container">
        <aside id="leftAside">
            aside（新品上市栏目）
        </aside>
        <section id="slider">
            section（图片轮播）
        </section>
        <aside id="rightAside">
            aside（新闻资讯与联系方式）
        </aside>
        </div>
        <section id="productShow">
            section（产品展示）
        </section>
        <footer>
            footer（页脚，企业版权信息和地址）
        </footer>
    </body>
</html>
```

代码说明：其中第 7 行引用的是一个免费开源的 JS 文件（HTML5 Shiv），用于兼容 IE 6/7/8 这 3 种不支持使用 HTML5 新增结构标签的浏览器。

由于 HTML5 只能提供页面结构，真正的显示效果还需要 CSS 辅助形成，因此上述代码中的第 6 行声明了自定义名称为 basic.css 的文件。

目前相关 CSS 代码如下：

```
/*页面整体设计*/
body {
    background-color: white;
    margin: 0px auto;
    padding: 0px;
    max-width: 990px;
    font-size:14px;
}
/*页眉*/
header {
    height: 330px;
    text-align: center;
    width: 990px;
    border: 1px solid red;
}
/*容器*/
#container{
    text-align: center;
    width: 990px;
```

```
        margin: 0px auto;
    }
    /*左侧栏*/
    aside#leftAside {
        float: left;
        width: 200px;
        height: 350px;
        text-align: center;
        background-color:#E1E0DB;
        border: 1px solid red;
    }
    section{
        float:left;
    }
    /*图片轮播*/
    section#slider {
        float: left;
        width: 520px;
        height: 350px;
        text-align: center;
        margin-left:5px;
        border: 1px solid red;
    }
    /*右侧栏*/
    aside#rightAside {
        float: left;
        width: 260px;
        height: 350px;
        text-align: center;
        overflow:hidden;
        margin-left:5px;
        background-color:#E1E0DB;
        border: 1px solid red;
    }
    /*页脚*/
    footer {
        text-align: center;
        vertical-align:middle;
        height: 70px;
        float:left;
        width:990px;
        border: 1px solid red;
    }
```

其中所有的 "border: 1px solid red" 语句都只是暂时为了让布局结构更加清晰而为元素设置的 1 像素宽的红色边框，稍后在开发过程中会逐步去掉。

10.2.3 页眉和页脚的实现

在本例中页眉和页脚的实现较为简单。页眉可以直接使用设计图中的素材作为元素的背景图片，不重复平铺即可。页脚则直接添加段落文字内容。

修改 CSS 文件，为<header>元素添加本地 images 目录下的 jnptop1.jpg 作为背景图片，并去掉边框效果。相关 CSS 代码修改后如下：

```
header {
    height: 330px;
```

```
    background:url(../images/jnptop1.jpg) no-repeat;
text-align: center;
width: 990px;
}
```

然后为<footer>元素添加与页眉一致的灰色背景并去掉边框效果，在其内部添加公司的版权信息与地址。相关 CSS 代码修改后如下：

```
footer {
    text-align: center;
    height: 70px;
    background-color:#E1E0DB;
    padding:7px 0;
}
```

在 CSS 中通过<body>元素统一声明字体为 14 像素，相关 CSS 代码修改后如下：

```
body {
    background-color: white;
    margin: 0px auto;
    padding: 0px auto;
    max-width: 990px;
    font-size:14px;
}
```

此时页眉和页脚全部完成，效果如图 10-16 所示。

图 10-16 网站页眉和页脚完成效果图

综合应用设计实例

10.2.4 主体内容的实现

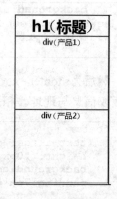

图 10-17 网站左侧栏结构图

主体内容包括下面 4 个部分。

- 网站左侧栏：新品上市展示。
- 网站动态图：3 张图片动态切换。
- 网站右侧栏：分为新闻资讯与联系方式两部分。
- 产品展示栏目：以图片集合的形式展示产品。

1. 网站左侧栏的实现

网站左侧栏是新品上市栏目，该栏目包括标题和两个新品展示图片及文字内容。使用 \<h1\>和\<div\>元素将左侧栏划分为 3 个部分，示意图如图 10-17 所示。

使用这些标签创建网站左侧栏架构，相关 HTML5 代码修改如下：

```
<aside id="leftAside">
    <h1>h1（标题）</h1>
    <div>div（产品1）</div>
    <div>div（产品2）</div>
</aside>
```

相关 CSS 代码如下：

```
/*左侧栏-标题*/
aside#leftAside h1{
    height:40px;
    margin:0px;
    border: 1px solid red;
}
/*左侧栏-内容*/
aside#leftAside div{
    height:150px;
    text-align: center;
    margin-left:7px;
    border: 1px solid red;
}
```

同样这里的边框设置为 1 像素宽的红色实线是为了使讲解过程中栏目布局结构更加清晰，后续将逐步去掉边框效果。

接下来开始添加实际内容，首先是添加标题。由于标题单击后还希望跳转至二级页面，因此使用超链接标签\<a\>进行制作，在内部嵌入\<img\>图像。相关 HTML5 代码修改后如下：

```
<h1>
    <a href="#"><img src="images/newproduct/xpss.jpg"></a>
</h1>
```

然后分别为两个\<div\>元素添加\<img\>图像，相关 HTML5 代码修改后如下：

```
<div>
    <img src="images/newproduct/xp11.jpg">
</div>
<div>
    <img src="images/newproduct/xp22.jpg">
```

```
    </div>
```

在 CSS 中为左侧栏和其中的结构元素统一去掉红色边框，并为左侧栏添加灰色背景颜色。相关 CSS 代码修改后如下：

```
/*左侧栏*/
aside#leftAside {
    float: left;
    width: 200px;
    height: 350px;
    text-align: center;
    background-color:#E1E0DB;
}
/*左侧栏-标题*/
aside#leftAside h1{
    height:40px;
    margin:0px;
}
/*左侧栏-内容*/
aside#leftAside div{
    height:150px;
    text-align: center;
    margin-left:7px;
}
```

运行效果如图 10-18 所示。

图 10-18　网站左侧栏实现效果图

综合应用设计实例

2. 图片轮播效果的实现

该栏目有 3 张素材图片需要进行自动轮播，可以使用 jQuery 技术来实现图片的淡入淡出效果。首先在 HTML5 页面的<head>标签内添加对于 jQuery 的声明。修改后的 HTML5 代码片段如下：

```html
<head>
    <meta charset="utf-8">
    <title>经致传媒公司文化用品网</title>
    <link rel="stylesheet" href="css/basic.css">
    <script src="js/jquery-1.12.3.min.js"></script>
    <script src="js/html5.js"></script>
</head>
```

相关 HTML5 代码修改如下：

```html
<section id="slider">
    <ul>
        <li>
            <img src="images/slider/t1.jpg"/>
        </li>
        <li class="hide">
            <img src="images/slider/t2.jpg" />
        </li>
        <li class="hide">
            <img src="images/slider/t3.jpg" />
        </li>
    </ul>
</section>
```

新增 CSS 代码如下：

```css
/*图片轮播*/
section#slider {
    float: left;
    width: 520px;
    height: 350px;
    text-align: center;
    margin-left:5px;
}
/*图片轮播-列表元素样式设置*/
section#slider ul {
    list-style: none;
    position: relative;
    width: 520px;
    height: 350px;
    padding:0;
    margin:0;
}
/*图片轮播-列表选项元素样式设置*/
section#slider li {
    position: absolute;
    top: 0px;
    left: 0px;
    width: 520px;
    height: 350px;
    float: left;
    text-align: center;
```

```
        padding: 0;
        margin: 0;
    }
    /*图片轮播-图片样式设置*/
    section#slider img {
        width: 100%;
        height: 100%;
    }
    /*图片轮播-隐藏效果设置*/
    .hide {
        display: none;
    }
```

相关 jQuery 代码如下：

```
<script>
    //当前图片序号
    var index = 0;
    //每3秒切换下一张图片
    setInterval("next()", 3000);
    //切换下一张图片
    function next() {
        //当前图片淡出
        $("li:eq(" + index + ")").fadeOut(1500);
        //判断当前图片是否为最后一张
        if (index == 2)
            //如果是最后一张，序号跳转到第一张
            index = 0;
        else
            //否则图片序号自增1
            index++;
        //新图片淡入
        $("li:eq(" + index + ")").fadeIn(1500);
    }
</script>
```

上述代码采用了 jQuery 技术中的 fadeIn()与 fadeOut()函数来实现图片的淡入和淡出效果。每隔 3 秒将自动切换下一张图片，如果到了最后一张，播放完毕则回到第一张循环播放。同样，最后需要去掉红色边框，对于修改这里不再赘述。图片轮播动态效果如图 10-19 所示。

（a）图片轮播第一张

（b）图片轮播第二张

（c）图片轮播第三张

图 10-19　网站图片轮播实现效果图

综合应用设计实例

3．网站右侧栏的实现

网站右侧栏包括新闻资讯和联系方式两个部分。使用 <article> 和 <div> 元素将右侧栏划分为上、下两个部分，其中新闻资讯部分又分成标题与新闻列表。使用结构标签划分的示意图如图 10-20 所示。

使用这些标签创建网站右侧栏架构，相关 HTML5 代码修改如下：

图 10-20　网站右侧栏结构图

```
<aside id="rightAside">
    <article>
        <h1> h1（标题） </h1>
        <div id="news">
            div（新闻资讯）
        </div>
    </article>
    <div id="contact">
        div（联系方式）
    </div>
</aside>
```

相关 CSS 代码如下：

```
/*右侧栏-标题*/
aside#rightAside h1{
    width: 264px;
    height: 40px;
    margin:0px;
    padding:0px;
border: 1px solid red;
}
/*右侧栏-新闻*/
aside#rightAside div#news{
    width: 264px;
height: 160px;
border: 1px solid red;
}
/*右侧栏-联系我们*/
aside#rightAside div#contact{
    width: 264px;
height: 140px;
border: 1px solid red;
}
```

同样，这里的边框设置为 1 像素宽的红色实线是为了使栏目布局结构更加清晰，后续将逐步去掉边框效果。

接下来开始添加实际内容，首先是添加标题。由于标题单击后还希望跳转至二级页面，因此使用超链接标签 <a> 进行制作，在内部嵌入 <img> 图像。相关 HTML5 代码修改后如下：

```
<h1>
    <a href="#"><img src="images/news/zxzx.jpg"></a>
</h1>
```

然后在 id="news" 的 <div> 元素中使用 <ul> 元素制作新闻列表。由于新闻单击后需要跳转至正文页面，因此在<ul>的每一项列表元素<li>后面添加超链接<a>。相关 HTML5 代码如下：

```
<div id="news">
    <ul>
        <li><a href="#">测试新闻，仅供测试使用</a>
        <li><a href="#">测试新闻，仅供测试使用</a>
        <li><a href="#">测试新闻，仅供测试使用</a>
        <li><a href="#">测试新闻，仅供测试使用</a>
        <li><a href="#">测试新闻，仅供测试使用</a>
        <li><a href="#">测试新闻，仅供测试使用</a>
        <li><a href="#">测试新闻，仅供测试使用</a>
        <li><a href="#">测试新闻，仅供测试使用</a>
    </ul>
</div>
```

由于当前尚未录入真正的新闻，因此先使用测试文字和链接地址表示。

然后为<div id="contact">元素添加<img>图像，相关 HTML5 代码修改后如下：

```
<div id="contact">
    <img src="images/contact/lxfs.jpg">
</div>
```

在 CSS 中为左侧栏和其中的结构元素统一去掉红色边框，并为左侧栏添加灰色背景颜色。相关 CSS 代码修改后如下：

```
/*右侧栏*/
aside#rightAside {
    float: left;
    width: 260px;
    height: 350px;
    text-align: center;
    overflow:hidden;
    margin-left:5px;
    background-color:#E1E0DB;
}
/*右侧栏-标题*/
aside#rightAside h1{
    width: 264px;
    height: 40px;
    margin:0px;
    padding:0px;
}
/*右侧栏-新闻*/
aside#rightAside div#news{
    width: 264px;
    height: 170px;
}
/*右侧栏-联系我们*/
aside#rightAside div#contact{
    width: 264px;
    height: 130px;
}
```

运行效果如图 10-21 所示。

图 10-21　网站右侧栏实现效果图

4．产品展示栏目的实现

该栏目需要将 14 张产品图片以 2 行 7 列的方式展示出来，并且单击产品小图可以放大查看预览图。可以使用无边框的表格来制作产品页面画面，使用<h1>和<table>元素将产品展示栏目分为两部分，示意图如图 10-22 所示。

h1（标题）						
td(单元格，用于显示图片)	td(单元格，用于显示图片)	td(单元格，用于显示图片)	td(单元格，用于显示图片)	td(单元格，用于显示图片)	td(单元格，用于显示图片)	td(单元格，用于显示图片)
td(单元格，用于显示图片)	td(单元格，用于显示图片)	td(单元格，用于显示图片)	td(单元格，用于显示图片)	td(单元格，用于显示图片)	td(单元格，用于显示图片)	td(单元格，用于显示图片)

图 10-22　网站右侧栏实现效果图

表格元素<table>内部包含了两个单元行<tr>，每个<tr>中包含 7 个单元格<td>。

将相关代码添加到 id="productShow"的<section>内部，修改后的 HTML5 代码如下：

```
<section id="productShow">
   <h1>h1（标题）</h1>
   <table width="980" align="center">
```

```
            <tr>
                <td>td（单元格，用于显示图片）</td>
                <td>td（单元格，用于显示图片）</td>
                <td>td（单元格，用于显示图片）</td>
                <td>td（单元格，用于显示图片）</td>
                <td>td（单元格，用于显示图片）</td>
                <td>td（单元格，用于显示图片）</td>
                <td>td（单元格，用于显示图片）</td>
            </tr>
            <tr>
                <td>td（单元格，用于显示图片）</td>
                <td>td（单元格，用于显示图片）</td>
                <td>td（单元格，用于显示图片）</td>
                <td>td（单元格，用于显示图片）</td>
                <td>td（单元格，用于显示图片）</td>
                <td>td（单元格，用于显示图片）</td>
                <td>td（单元格，用于显示图片）</td>
            </tr>
        </table>
</section>
```

对应的 CSS 代码如下：

```
/*产品展示栏*/
section#productShow {
    height: 285px;
    border: 1px solid red;
    clear: both;
    text-align: center;
    margin:0px;
    padding:0px;
}
/*产品展示栏-标题*/
section#productShow h1{
    height: 40px;
    margin:0px;
    padding:0px;
    border: 1px solid red;
}
/*产品展示栏-表格*/
section#productShow table{
    margin:0px;
    padding:0px;
    border: 1px solid red;
    width:100%;
    height:245px;
}
/*产品展示栏-单元格*/
section#productShow td{
    height:50%;
    border: 1px solid red;
}
```

其中，<table>元素的宽度设置为 100%可以自适应父元素的宽度，而<td>元素在表格中只有两行，因此设置其高度为 50%。同样这里的边框设置为 1 像素宽的红色实线是为了使栏目布局结构在讲解时更加清晰，后续将逐步去掉边框效果。

接下来开始添加实际内容，首先是添加标题。由于标题单击后也需要跳转至二级页面，因此同样使用超链接标签<a>进行制作，在内部嵌入<img>图像。

相关 HTML5 代码修改后如下：

```html
<h1>
    <a href="#"><img src="images/product/rxcp.jpg"></a>
</h1>
```

然后在表格的<td>元素中使用<img>元素展示图片，相关 HTML5 代码如下：

```html
<table border="0">
    <tr>
        <td><img src="images/product/1.jpg"></td>
        <td><img src="images/product/2.jpg"></td>
        <td><img src="images/product/3.jpg"></td>
        <td><img src="images/product/4.jpg"></td>
        <td><img src="images/product/5.jpg"></td>
        <td><img src="images/product/6.jpg"></td>
        <td><img src="images/product/7.jpg"></td>
    </tr>
    <tr>
        <td><img src="images/product/8.jpg"></td>
        <td><img src="images/product/9.jpg"></td>
        <td><img src="images/product/10.jpg"></td>
        <td><img src="images/product/11.jpg"></td>
        <td><img src="images/product/12.jpg"></td>
        <td><img src="images/product/13.jpg"></td>
        <td><img src="images/product/14.jpg"></td>
    </tr>
</table>
```

在上述代码中，<img>元素的 src 属性值仅为示例，可根据实际需要后期替换成其他产品图片。如果客户允许后续维护过程中图片名称保持不变，开发者也可以将此部分内容使用 JavaScript 代码批量生成。

最后在 CSS 文件中对产品展示栏的样式进行调整，去掉所有结构标签的红色边框并为该栏目添加灰色背景，最后根据页面效果对元素尺寸进行轻微调整。相关 CSS 代码修改后如下：

```css
/*产品展示栏*/
section#productShow {
    width:990px;
    height: 295px;
    clear: both;
    text-align: center;
    background-color:#E1E0DB;
    margin-bottom:7px;
    padding:0px;
}
/*产品展示栏-标题*/
section#productShow  h1{
    height: 40px;
    margin:0px;
    padding:0px;
}
/*产品展示栏-表格*/
section#productShow table{
```

```
    margin:0px;
    padding:0px;
    width:100%;
    height:245px;
}
/*产品展示栏-单元格*/
section#productShow td{
    height:50%;
}
/*产品展示栏-单元格内的图片*/
section#productShow td img{
    width:100%;
    height:100%;
}
```

运行效果如图 10-23 所示。

图 10-23　网站首页实现效果图

此时网站的首页平面图已经全部开发完成，最后还需要为产品展示栏实现单击查看放大图片效果的 jQuery 特效。

5. 产品图片单击放大的实现

客户需求当用户单击产品展示栏目中的小图片时可以跳出一个新的悬浮框并展示该产品的大图效果。也就是说该内容正常情况下为隐藏状态，当用户单击产品图片时才呈现在页面上。

首先在页面上设计该版块，使用<div>元素在页脚之前添加悬浮框，并且使用<button>和<img>元素创建"关闭"按钮与图片展示区域。相关 HTML5 代码如下：

```
<div id="showImage">
    <button>
        <img src="images/product/close.png" alt="关闭" width="40"
        height="40">
    </button>
    <img src="" alt="图片暂无" width="100%" id="productImg">
</div>
```

其中，按钮的图片素材可以由开发者自定义。当前由于不确定大图的尺寸，因此将用于展现产品放大图的<img>设置宽度为 100%。为了区分按钮中的图片标签，为产品展示区的<img>元素设置自定义 id 名称 productImg。

在 CSS 中为该区域及内部按钮和图片设置样式。将<div>元素的 z-index 值设置为 99，使其置顶不影响整体页面效果。

```
/*放大图片页面*/
#showImage{
    z-index:99;
    position:absolute;
    left:20%;
    top:350px;
    width:850px;
    height:500px;
    background-color:white;
    text-align:center;
}
/*放大图片页面的"关闭"按钮*/
#showImage button{
    float:right;
    margin:10px;
    outline:none;
    border:none;
    background-color:transparent;
}
```

此时预览效果如图 10-24 所示，当前还没有指定放大的产品图片，因此暂无实际内容。

图 10-24　产品放大展示区效果草图

接下来使用 jQuery 制作图片显示效果。首先修改 CSS 代码中产品放大页面的 display 属性值为 none，使其初始为隐藏状态。相关代码修改后如下：

```css
/*放大图片页面*/
#showImage{
    z-index:99;
    position:absolute;
    left:20%;
    top:350px;
    width:850px;
    height:500px;
    background-color:white;
    text-align:center;
    display:none;
}
```

此时 id="showImage"的<div>元素将被隐藏，页面初始加载时将恢复为未添加该元素前的样式效果。

在 JavaScript 中自定义函数 showImage(name)用于指定需要放大查看的产品图片，其中 name 对应图片名称。相关代码如下：

```javascript
//产品大图展示
function showImage(name){
    //产品放大区域淡入
    $("#showImage").fadeIn(500);
    //指定查看的图片路径
    $("#productImg").attr("src","images/product/large/"+name+".jpg");
}
```

上述代码表示，在 0.5 秒内淡出 id="showImage"的<div>元素，并将其中的图片路径中的图片名称更新为 name 参数传递的值。

为所有产品展示区表格中的图片添加 onclick 事件调用 showImage()方法，并将图片名称作为参数传递。修改后的 HTML5 代码片段如下：

```html
<section id="productShow">
    <h1><a href="#"><img src="images/product/rxcp.jpg"></a></h1>
    <table border="0">
        <tr>
            <td><img src="images/product/1.jpg" onclick="showImage(1)"></td>
            <td><img src="images/product/2.jpg" onclick="showImage(2)"></td>
            <td><img src="images/product/3.jpg" onclick="showImage(3)"></td>
            <td><img src="images/product/4.jpg" onclick="showImage(4)"></td>
            <td><img src="images/product/5.jpg" onclick="showImage(5)"></td>
            <td><img src="images/product/6.jpg" onclick="showImage(6)"></td>
            <td><img src="images/product/7.jpg" onclick="showImage(7)"></td>
        </tr>
        <tr>
            <td><img src="images/product/8.jpg" onclick="showImage(8)"></td>
            <td><img src="images/product/9.jpg" onclick="showImage(9)"></td>
```

```
            <td><img src="images/product/10.jpg" onclick="showImage(10)"></td>
            <td><img src="images/product/11.jpg" onclick="showImage(11)"></td>
            <td><img src="images/product/12.jpg" onclick="showImage(12)"></td>
            <td><img src="images/product/13.jpg" onclick="showImage(13)"></td>
            <td><img src="images/product/14.jpg" onclick="showImage(14)"></td>
        </tr>
    </table>
</section>
```

此时产品放大图展示功能已经完成，运行效果如图 10-25 所示。

（a）页面初始加载效果　　　　　　　　　　（b）单击产品查看放大图效果

图 10-25　产品放大展示区效果完成图

最后为"关闭"按钮添加 onclick 事件，相关 HTML5 代码修改后如下：

```
<button onclick="closeImage()">
    <img src="images/product/close.png" alt="关闭" width="40" height="40">
</button>
```

在 JavaScript 中定义 closeImage()方法，相关代码如下：

```
//关闭产品大图
function closeImage() {
    //产品放大区域淡出
    $("#showImage").fadeOut(500);
}
```

上述代码表示在 0.5 秒内淡出 id="showImage"的<div>元素。

关闭效果运行，如图 10-26 所示。

至此，整个项目的开发就全部完成了。该项目综合应用了 HTML5 结构化标签架构网页布局、CSS3 美化页面以及 jQuery 实现更为灵活的动态效果，后续还可以根据客户的需求更改其中的栏目和新闻列表的链接地址。

（a）单击产品查看放大图效果   （b）单击"关闭"按钮隐藏放大图效果

图 10-26　产品放大展示区关闭效果图

10.2.5　完整代码展示

HTML5 完整代码如下：

```
1.    <!DOCTYPE html>
2.    <html>
3.       <head>
4.          <meta charset="gb2312">
5.          <title>经致传媒公司文化用品网</title>
6.          <link rel="stylesheet" href="css/basic.css">
7.          <script src="js/jquery-1.12.3.min.js"></script>
8.          <script src="js/html5.js"></script>
9.       </head>
10.      <body>
11.         <header></header>
12.         <div id="container">
13.            <aside id="leftAside">
14.               <h1><a href="#"><img src="images/newproduct/xpss.jpg"
                  style="border:0px;"></a></h1>
15.               <div><img src="images/newproduct/xp11.jpg">
16.               </div>
17.               <div><img src="images/newproduct/xp22.jpg">
18.               </div>
19.            </aside>
20.            <section id="slider">
21.               <ul>
22.                  <li>
23.                     <img src="images/slider/t1.jpg"/>
24.                  </li>
25.                  <li class="hide">
```

```
26.                         <img src="images/slider/t2.jpg" />
27.                     </li>
28.                     <li class="hide">
29.                         <img src="images/slider/t3.jpg" />
30.                     </li>
31.                 </ul>
32.             </section>
33.             <aside id="rightAside">
34.                 <article>
35.                     <h1><a href="#"><img src="images/news/zxzx.jpg"
                        style="border:0px;"></a></h1>
36.                     <div id="news">
37.                         <ul>
38.                             <li><a href="#">测试新闻，仅供测试使用</a>
39.                             <li><a href="#">测试新闻，仅供测试使用</a>
40.                             <li><a href="#">测试新闻，仅供测试使用</a>
41.                             <li><a href="#">测试新闻，仅供测试使用</a>
42.                             <li><a href="#">测试新闻，仅供测试使用</a>
43.                             <li><a href="#">测试新闻，仅供测试使用</a>
44.                             <li><a href="#">测试新闻，仅供测试使用</a>
45.                             <li><a href="#">测试新闻，仅供测试使用</a>
46.                         </ul>
47.                     </div>
48.                 </article>
49.                 <div id="contact">
50.                     <img src="images/contact/lxfs.jpg">
51.                 </div>
52.             </aside>
53.         </div>
54.
55.         <section id="productShow">
56.             <h1><a href="#"><img src="images/product/rxcp.jpg" style=
                "border:0px;"></a></h1>
57.             <table border="0">
58.                 <tr>
59.                 <td><img src="images/product/1.jpg" onclick="showImage
                    (1)"></td>
60.                 <td><img src="images/product/2.jpg" onclick="showImage
                    (2)"></td>
61.                 <td><img src="images/product/3.jpg" onclick="showImage
                    (3)"></td>
62.                 <td><img src="images/product/4.jpg" onclick="showImage
                    (4)"></td>
63.                 <td><img src="images/product/5.jpg" onclick="showImage
                    (5)"></td>
64.                 <td><img src="images/product/6.jpg" onclick="showImage
                    (6)"></td>
65.                 <td><img src="images/product/7.jpg" onclick="showImage
                    (7)"></td>
66.                 </tr>
67.                 <tr>
68.                 <td><img src="images/product/8.jpg" onclick="showImage
                    (8)"></td>
69.                 <td><img src="images/product/9.jpg" onclick="showImage
                    (9)"></td>
70.                 <td><img src="images/product/10.jpg" onclick="showImage
                    (10)"></td>
71.                 <td><img src="images/product/11.jpg" onclick="showImage
                    (11)"></td>
```

226

```
72.                <td><img src="images/product/12.jpg" onclick="showImage
                   (12)"></td>
73.                <td><img src="images/product/13.jpg" onclick="showImage
                   (13)"></td>
74.                <td><img src="images/product/14.jpg" onclick="showImage
                   (14)"></td>
75.                </tr>
76.            </table>
77.        </section>
78.        <div id="showImage">
79.            <button onclick="closeImage()"><img src="images/product/
               close.png" alt="关闭" width="40" height="40">
80.            </button>
81.            <img src="" alt="图片暂无" width="100%" id="productImg">
82.        </div>
83.        <p>
84.            <script>
85.                //当前图片序号
86.                var index = 0;
87.                $(document).ready(function() {
88.                    setInterval("next()", 3000);
89.                });
90.
91.                //切换下一张图片
92.                function next() {
93.                    //当前图片淡出
94.                    $("li:eq(" + index + ")").fadeOut(1500);
95.                    //判断当前图片是否为最后一张
96.                    if (index == 2)
97.                        //如果是最后一张，序号跳转到第一张
98.                        index = 0;
99.                    else
100.                       //否则图片序号自增1
101.                       index++;
102.                   //新图片淡入
103.                   $("li:eq(" + index + ")").fadeIn(1500);
104.               }
105.
106.               //产品大图展示
107.               function showImage(name) {
108.                   //产品放大区域淡入
109.                   $("#showImage").fadeIn(500);
110.                   //指定查看的图片路径
111.                   $("#productImg").attr("src", "images/product/large/
                      "+name+ ".jpg");
112.               }
113.
114.               //关闭产品大图
115.               function closeImage() {
116.                   //产品放大区域淡出
117.                   $("#showImage").fadeOut(500);
118.               }
119.           </script>
120.       </div>
121.   </p>
122.   <footer>
123.       <p>
124.
```

227

```
125.                    <br>
126.                 地址：安徽省芜湖市九华南路189号安徽师范大学（花津校区）
127.              </p>
128.          </footer>
129.      </body>
130. </html>
```

CSS 完整代码如下：

```
1.    /*页面整体设计*/
2.    body {
3.        background-color: white;
4.        margin: 0px auto;
5.        padding: 0px;
6.        max-width: 990px;
7.        font-size:14px;
8.    }
9.    /*页眉*/
10.   header {
11.       height: 330px;
12.       background:url(../images/jnptop1.jpg) no-repeat;
13.       text-align: center;
14.       width: 990px;
15.   }
16.   /*容器*/
17.   #container{
18.       text-align: center;
19.       width: 990px;
20.       margin: 0px auto;
21.   }
22.
23.   /*左侧栏*/
24.   aside#leftAside {
25.       float: left;
26.       width: 200px;
27.       height: 350px;
28.       text-align: center;
29.       background-color:#E1E0DB;
30.   }
31.   /*左侧栏-标题*/
32.   aside#leftAside h1{
33.       height:40px;
34.       margin:0px;
35.   }
36.   /*左侧栏-内容*/
37.   aside#leftAside div{
38.       height:150px;
39.       text-align: center;
40.       margin-left:7px;
41.   }
42.
43.   section{
44.       float:left;
45.   }
46.
47.   /*图片轮播*/
48.   section#slider {
49.       float: left;
```

```
50.        width: 520px;
51.        height: 350px;
52.        text-align: center;
53.        margin-left:5px;
54.    }
55.    /*图片轮播-列表元素样式设置*/
56.    section#slider ul {
57.        list-style: none;
58.        position: relative;
59.        width: 520px;
60.        height: 350px;
61.        padding:0;
62.        margin:0;
63.    }
64.    /*图片轮播-列表选项元素样式设置*/
65.    section#slider li {
66.        position: absolute;
67.        top: 0px;
68.        left: 0px;
69.        width: 520px;
70.        height: 350px;
71.        float: left;
72.        text-align: center;
73.        padding: 0;
74.        margin: 0;
75.    }
76.    /*图片轮播-图片样式设置*/
77.    section#slider img {
78.        width: 100%;
79.        height: 100%;
80.    }
81.    /*图片轮播-隐藏效果设置*/
82.    .hide {
83.        display: none;
84.    }
85.
86.    /*右侧栏*/
87.    aside#rightAside {
88.        float: left;
89.        width: 260px;
90.        height: 350px;
91.        text-align: center;
92.        overflow:hidden;
93.        margin-left:5px;
94.        background-color:#E1E0DB;
95.    }
96.    /*右侧栏-标题*/
97.    aside#rightAside h1{
98.        width: 264px;
99.        height: 40px;
100.       margin:0px;
101.       padding:0px;
102.   }
103.   /*右侧栏-新闻*/
104.   aside#rightAside div#news{
105.       width: 264px;
106.       height: 170px;
107.   }
```

```
108.    /*右侧栏-联系我们*/
109.    aside#rightAside div#contact{
110.        width: 264px;
111.        height: 130px;
112.    }
113.    /*右侧栏-新闻-列表*/
114.    #news ul{
115.        list-style: none;
116.        margin:0px;
117.        padding:0px;
118.        text-align:left;
119.    }
120.    /*右侧栏-新闻-列表选项*/
121.    #news ul li{
122.        height:20px;
123.        line-height:20px;
124.    }
125.    /*右侧栏-新闻-超链接*/
126.    #news a{
127.        text-decoration:none;
128.        color:black;
129.    }
130.
131.    /*产品展示栏*/
132.    section#productShow {
133.        width:990px;
134.        height: 295px;
135.        clear: both;
136.        text-align: center;
137.        background-color:#E1E0DB;
138.        margin-bottom:7px;
139.        padding:0px;
140.    }
141.    /*产品展示栏-标题*/
142.    section#productShow  h1{
143.        height: 40px;
144.        margin:0px;
145.        padding:0px;
146.    }
147.    /*产品展示栏-表格*/
148.    section#productShow table{
149.        margin:0px;
150.        padding:0px;
151.        width:100%;
152.        height:245px;
153.    }
154.    /*产品展示栏-单元格*/
155.    section#productShow td{
156.        height:50%;
157.    }
158.    /*产品展示栏-单元格内的图片*/
159.    section#productShow td img{
160.        width:100%;
161.        height:100%;
162.    }
163.    /*放大图片页面*/
164.    #showImage{
165.        z-index:99;
```

```
166.        position:absolute;
167.        left:20%;
168.        top:350px;
169.        width:850px;
170.        height:500px;
171.        background-color:white;
172.        text-align:center;
173.        display:none;
174.    }
175.    /*放大图片页面-"关闭"按钮*/
176.    #showImage button{
177.        float:right;
178.        margin:10px;
179.        outline:none;
180.        border:none;
181.        background-color:transparent;
182.    }
183.    /*页脚*/
184.    footer {
185.        text-align: center;
186.        vertical-align:middle;
187.        height: 70px;
188.        background-color:#E1E0DB;
189.        padding:7px 0;
190.        float:left;
191.        width:990px;
192.    }
```

图书资源支持

感谢您一直以来对清华版图书的支持和爱护。为了配合本书的使用，本书提供配套的素材，有需求的用户请到清华大学出版社主页（http://www.tup.com.cn）上查询和下载，也可以拨打电话或发送电子邮件咨询。

如果您在使用本书的过程中遇到了什么问题，或者有相关图书出版计划，也请您发邮件告诉我们，以便我们更好地为您服务。

我们的联系方式：

地　　址：北京海淀区双清路学研大厦 A 座 707

邮　　编：100084

电　　话：010－62770175－4604

资源下载：http://www.tup.com.cn

电子邮件：weijj@tup.tsinghua.edu.cn

QQ：883604（请写明您的单位和姓名）

用微信扫一扫右边的二维码，即可关注清华大学出版社公众号"书圈"。

扫一扫
资源下载、样书申请
新书推荐、技术交流